Iain 'Ain 'ic Iain

From Garenin to The Oregon Country

Dealbh de Iain 'Ain 'ic Iain, 's dòcha air a thogail mu 1870. Aig an àm sin, bha an nighean aige, Catrìona, air deilbh a chur dhachaigh dha Na Geàrrannan.

A photograph of John, perhaps taken around 1870 when his daughter, Catherine, sent photos 'home' to Garenin.

Thug freastal iomadh duine à eileanan na h-Alba gu ceàrnaidhean fad às agus cha chualas mòran tuilleadh mu thimcheall gu leòr dhiubh. Bu mhath leinn gun togadh an cunntas goirid seo mu aon eilthireach ùidh às ùr anns an eachdraidh aig feadhainn eile.

Providence led many from the Scottish islands to far-flung parts and little is known of the subsequent life of many of them. We hope that this short account of one Lewis exile will stimulate interest in the stories of others.

Iain 'Ain 'ic Iain

le
Maletta NicPhàil
(ann an co-bhuinn le Iain MacArtair
agus Màiri NicRisnidh, Urras nan Geàrrannan)

Foillsichte le Urras nan Geàrrannan

www.gearrannan.com

Air fhoillseachadh ann an 2015 le
Urras nan Geàrrannan
Na Geàrrannan
Càrlabhagh
Eilean Leòdhais HS2 9AL

www.gearrannan.com
info@gearrannan.com

An dealbhachadh, Shore Print & Design Ltd.,
Office 4 Clinton's Yard, Rigs Rd, Stornoway HS1 2RF

Clò-bhuailte le Gomer Press, Llandysul Enterprise
Park, Llandysul, Ceredigion, Wales SA44 4JL

Gheibhear clàr catalogaidh airson an leabhair seo bho
Leabharlann Bhreatainn.

Chuidich Comhairle nan Leabhraichean am
foillsichear le cosgaisean an leabhair seo.

ISBN 978-0-9935030-0-9

Published in 2015 by
The Garenin Trust
Garenin
Carloway
Isle of Lewis HS2 9AL

www.gearrannan.com
info@gearrannan.com

© *text Maletta MacPhail*
© *illustrations Christine Davidson*
© *front cover Christine Davidson*
American maps base files © *Map Resources*

*All rights reserved. Prior written permission
must be obtained from The Garenin Trust to
reproduce any part of this book in any format.*

Layout by Shore Print & Design Ltd.,
Office 4 Clinton's Yard, Rigs Rd, Stornoway HS1 2RF

*Printed by Gomer Press, Llandysul Enterprise Park,
Llandysul, Ceredigion, Wales SA44 4JL*

*A catalogue record for this book is
available from the British Library.*

*The Gaelic Books Council contributed towards the
publishing costs of this book.*

ISBN 978-0-9935030-0-9

Clàr-innse

Contents

Facal Fiosrachaidh

Ann an 1997 thàinig fear à Olympia, Stàit Washington, a shealltainn air a chàirdean ann an Càrlabhagh, Eilean Leòdhais. B' esan Albert Edward 'Bud' Mcbride agus, ged a bha an càirdeas air sìneadh a-mach, b' ann às an t-Sìthean anns Na Geàrrannan a bha a shean-shean-seanair – Iain 'Ain 'ic Iain. Bha Bud air toirt leis a-nall pasgan de litrichean a bha air a dhol a-null às Na Geàrrannan eadar 1857 agus toiseach na ficheadamh linn, agus b' iad sin a thòisich sinn air an t-slighe chun a' cheann-uidhe seo – leabhar mu bheatha Iain 'Ain 'ic Iain.

Thàinig Bud McBride a-rithist a Chàrlabhagh ann an 2001, agus bha e air aoigheachd nuair a bha a' Bhana-phrionnsa Rìoghail Anna a' fosgladh gu h-oifigeil Taighean-dubha nan Geàrrannan – an leasachadh tro bheil seann thaighean-tughaidh a' bhaile air an ath-nuadhachadh airson turasachd agus adhbharan dualchais agus foghlaim. Thug e toileachas mòr dha gun d'fhuair e cothrom bruidhinn ris a' Bhana-phrionnsa agus gun robh baile a shinnsirean air ath-bheothachadh san dòigh seo.

Bhon àm sin, tha na ceanglaichean eadar Stàit Washington agus Na Geàrrannan air seasamh agus, ged a bhàsaich Bud ann an 2012, tha an càirdeas beòthail fhathast. Tha sinn toilichte gun do dh' aontaich Kelly McAllister, fear eile de shliochd Iain 'Ain 'ic Iain, ro-ràdh a sgrìobhadh dhuinn, agus tha sinn cinnteach gum bi ùidh san leabhar thall am measg chàirdean eile ann an Washington.

Bha tòrr rannsachaidh ri dhèanamh gus feòil a chur air cnàmhan na h-eachdraidh a bh' againn a thaobh Iain 'Ain 'ic Iain. Bha na litrichean a' toirt sealladh dhuinn air beatha sna Geàrrannan anns an latha ud, ach bha iad cuideachd a' toirt boillsgidhean de dh'fhiosrachadh dhuinn mu bheatha Iain agus bha e follaiseach gur e an nighean aige, Catrìona, a bha a' freagairt grunn de na litrichean a bha dol a-null thuca. Cha robh na Stàitean Aonaichte no Canada ann aig an àm a bha siud mar a tha eòlas againn orra an-diugh, agus b' ann gu 'Northwest Coast of America' a bha na litrichean tràth air an seòladh.

Bha e na chuideachadh dhuinn gun robh eachdraiche à Carolina a Tuath, Steve Anderson, air ùidh a ghabhail ann an eachdraidh malairt nam bian ann an iar-thuath Ameireaga agus, an luib sin, bha e air a thighinn tarsainn air sgeulachdan mu Iain 'Ain 'ic Iain. Ann an 2010, sgrìobh e cunntas air an robh 'A Crofter's Tale' anns an iris 'Columbia – The Magazine of Northwest History'. Bha seo mu dheidhinn Iain, agus chuidich sin cuideachd gus ar gluasad gu sgeulachd Iain a chur an clò air an taobh seo den Chuan Shiar. Nochd cunntas eile anns an iris Columbia ann an 2011, an turas seo le Kelly McAllister agus iar-ogha dha Iain, Annabelle Mounts Barnett. Tha an dithis aca air sùil a thoirt air na tha sinn air a sgrìobhadh mu eachdraidh Iain, agus tha sinn nan comain airson misneachadh a thoirt dhuinn.

Preface

In 1997 an American from Olympia, Washington, came to visit his relatives in Carloway, Isle of Lewis. His name was Albert Edward 'Bud' Mcbride. Although the family connection had become more distant with the passing of the years, Bud's great, great grandfather had been born in Sithean, Garenin, Carloway. He was John MacLeod, Iain' Ain 'ic Iain. Bud had taken with him a set of letters that had been sent from Garenin between 1857 and the early part of the 20th century, and these were the trigger that set us off on the journey to this destination – a book about the life of Iain 'Ain 'ic Iain.

Bud McBride visited Carloway again in 2001, and was a guest at the official opening of the restored Garenin Blackhouses by the Princess Royal, Anne. The old thatched cottages had been renovated for the purposes of tourism, heritage and education. He was delighted that he met, and spoke with, the Princess Royal and that his ancestors' village had been revived in such a way.

From that time, the contacts between Washington State and Garenin have continued and, although Bud died in 2012, the relationships endure. We are pleased that Kelly McAllister, who is also descended from Iain 'Ain 'ic Iain, agreed to write the book's introduction for us, and we know that there will be interest amongst other friends and relatives in Washington.

Much research had to be carried out in order to flesh out the body of information that we had about Iain 'Ain 'ic Iain. The old letters gave us some indication of life in Garenin at the time, but they also gave glimpses of information about John's life and it was clear in later letters that it was his daughter, Catherine, who was sending replies. The United States and Canada didn't exist as we know them now, and the addresses on the early letters were often quite bare, their destination being 'Northwest Coast of America'.

Our research was assisted by the fact that a historian from North Carolina, Steve Anderson, had taken an interest in the fur trade in north west America, and had come across stories from John's life. In 2010, he wrote an article entitled 'A Crofter's Tale' in the magazine 'Columbia – The Magazine of Northwest History'. This was about John, and provided further motivation for us to attempt to get John's story into print on this side of the Atlantic. A further article appeared in the 'Columbia' in 2011, this time by Kelly McAllister and a great-granddaughter of John's, Annabelle Mounts Barnett. Both Kelly and Annabelle have checked our version of the history and we are grateful to them for their encouragement.

The contact between here and Washington State was kept alive by Mairi MacRitchie, manager of the Garenin Blackhouse Village; and because she herself had a great interest in the matter, the information available was steadily accumulating, until it was finally at a stage where it could be handed over to someone to tie the threads together and

B' i Màiri NicRisnidh, manaidsear nan Geàrrannan, a bha a' cumail a' cheangail a' dol eadar bhos agus thall agus seach gun robh ùidh aice fhèin sa ghnothaich, bha am fiosrachadh a' leudachadh beag air bheag gus mu dheireadh an robh e aig ìre a thoirt do chuideigin airson a cheangal ri chèile agus an rannsachadh a leudachadh. Bha sinn toilichte gun do dh'aontaich Maletta NicPhàil, à Siabost, a thighinn a-steach dhan sgioba bheag againn agus, an ceann tìde, bha i air an sgeulachd a sgrìobhadh ann an riochd coileanta airson a foillseachadh sa Ghàidhlig agus sa Bheurla.

Tha sinn gu mòr an comain Maletta airson gach oidhirp a rinn i, agus tha sinn glè riaraichte leis a' chruth a thug i air an eachdraidh, le liut-sgrìobhaidh chomasach. Tha sinn cuideachd a' toirt taing mhòr do Chairistiona Davidson, Barbhas, airson nan dealbh eireachdail, dathail a rinn i dhuinn, agus do Ailig MacMhathain agus Màrtainn MacLeòid airson obair nam mapaichean.

Thàinig na seann deilbh-chamara agus na h-eachdraidhean-beatha bho Kelly McAllister ann an Olympia, agus tha sinn cuideachd an comain Frank Rozee airson cead a thoirt dhuinn an dealbh den bhàta 'Beaver' a chleachdadh.

Tha adhbhar thaingealachd againn gun tug Albert 'Bud' McBride, nach maireann, na litrichean thugainn, ach bu chòir dhuinn cuideachd cuimhneachadh air a bhràthair Delbert a ghabh ùidh anns na litrichean nuair a bha e òg agus a chruinnich iad airson an cleachdadh ann am proiseact sgoile. Bha e fhèin agus mòran eile airson ionnsachadh mun dualchas aca agus airson an ceanglaichean ris an t-seann dùthaich a chumail beò.

Thug Comhairle nan Leabraichean tabhartas foillseachaidh dhuinn, agus tha sinn a' toirt taing dhaibh airson sin. Tha sinn moiteil gun d' fhuair sinn air an leabhar a chur an clò ann an 2015, dà cheud bliadhna bho rugadh cuspair an leabhair – Iain 'Ain 'ic Iain.

Iain MacArtair
Urras nan Geàrrannan
An Dàmhair 2015

Facal bhon ùghdar

'S e aon sgeulachd a tha seo, air a h-innse ann an Gàidhlig agus ann am Beurla; ach chan e eadar-theangachadh a th' ann an cuid seach cuid dhiubh. Mar sin, tha criomagan a' nochdadh anns gach cànan nach eil sa chànan eile.

do further research. We were pleased that Maletta MacPhail from Shawbost agreed to become part of our team and, in due course, the story was presented in a coherent form for publication in both Gaelic and English.

We are indebted to Maletta for all her research and writing, and we are delighted with the way she has presented the history, with an appealing style and turn of phrase. We also convey our gratitude to Christine Davidson, Barvas, for her attractive and colourful illustrations, and we thank Alick Matheson and Martin MacLeod for the mapwork.

The old photographs and the biographies came from Kelly McAllister in Olympia, and we are also indebted to Frank Rozee for his artistic representation of the vessel 'Beaver'.

We remain deeply grateful to the late Albert 'Bud' McBride for bringing us the old letters, and we also think of his brother, Delbert, who took an interest in the letters when he was young and who gathered them for a school project. He and many others were keen to learn of their history and to keep their ties with the old country alive.

The Gaelic Books Council have supported us with a publication grant, and we thank them for that. We are delighted that we have been able to publish the book in 2015, 200 years after the birth of its subject – Iain 'Ain 'ic Iain.

Iain MacArthur
The Garenin Trust
October 2015

> **Author's note**
> This is one story, told in both English and Gaelic, but neither version is a translation of the other. Thus, in each language, some minor details are related which do not feature in the other.

Ro-ràdh / Foreword

Kelly R. McAllister, Olympia, Washington, USA

John McLeod was my great great great grandfather. I live outside of Olympia, Washington, just 13 straight line kilometers from Fort Nisqually, where John found his first employment in North America. I think, at age 59, I can claim unusually good health, seeming immunity from back problems (despite an affinity for hard work) and considerable physical strength for a small guy. And, to what do I owe it? I believe I owe it to John McLeod ... at least that's the popular notion within my family. If the stories are true, he was a strong and exceedingly tough man. I'm proud to call him my ancestor. He was, by all accounts, a friend to many. He got along well with the natives of the region. He accomplished much and left behind a wealth of good stories.

Kelly McAllister à Olympia, Washington. Tha Kelly ag obair na bhith-eòlaiche, agus 's e seabhag a th' aige na làimh an seo. *Kelly McAllister, who lives in Olympia, Washington. Kelly is a biologist, and in this photograph, he is holding a peregrine falcon.*

In fact, John McLeod's life was extraordinarily eventful. Some who know it believe it would make a good Hollywood movie. I can't help but see a resemblance to the fictional story of Forrest Gump. Like Gump, John was a humble man who never gained much notoriety for himself but was present for a number of significant historical events. In living to nearly 90 years of age, he defied the odds, and not without his share of close calls.

For me, who never knew him, I wish I could have known the manner of his speech, the look in his eyes, how he reacted to hardship and how he approached everyday life. I know that he fled his home in Scotland due to fear of prosecution for murder. But, what was it that this seemingly fearless man feared? I suspect that the one thing a young John McLeod may have feared was the loss of his freedom. No other explanation is consistent with the way he pursued every opportunity that lay ahead, as though nothing was beyond his abilities and his willingness to brave the unknown. His early life, at least, involved one plunge into the unknown after another.

John McLeod saw the state of Washington in its most pristine condition. He married

a native woman. He watched as American settlers arrived and proceeded to change the lives of everyone in the region. His daughter married one such American and her daughter (my great grandmother) married a cousin to the first white man killed in the Puget Sound Indian War of 1855-56. John McLeod saw considerable change in his lifetime. I can only guess how he felt about most of it, and how much he may have longed to return to Scotland to see those who he knew as a child and a teenager. His story is his own but it teaches a lot about history. It is well-researched and well told. Enjoy it.

The following account of Annabelle Mounts Barnett's memories of growing up on John MacLeod's Donation Claim were sent to us in April 2015, after she had read a draft of our script.

I really enjoyed the story of my great-grandfather, John MacLeod. My parents were living on his Donation Claim when I was born on the last day of 1922. It had grown to 480 acres by that time and it was a wonderful place to spend my early years. I've thought about how different it must have seemed to John after living on a smaller croft to have so much property – fields for sheep and hay surrounded by forests on both sides and almost a mile of Muck Creek. The creek had sparkling clear water and trout and some salmon which migrated that far from Puget Sound to spawn. I'm sure he must have walked over the land and been amazed that it could all belong to him just for claiming it and living there for so many years and making improvements. It was a beautiful property, many large fir and spruce trees and maples, alders, cottonwoods, willows and all kinds of

Annabelle (Mounts) Barnett, California. Tha an dealbh a tha ri a taobh a' toirt sealladh dhuinn air an tìr anns an do thogadh i ann an Stàit Washington. 'S i i fhèin a pheant an dealbh. *Annabelle (Mounts) Barnett, California. The painting beside her, which she painted herself, shows a historical landscape of the area where she grew up in Washington State.*

various smaller bushes. Because of the many inches of rain that fell all year everything grew very quickly. My brothers were 10 and 12 years old when I was born so I really had no one to play with and I explored the fields of wild flowers and the forests with bird nests and small squirrels. Catherine MacLeod Mounts had 28 grandchildren and I was the youngest and am the only one still alive at age 92. I am the one who asked Bud McBride to take a lot of the original letters from John's family to the late Angus MacLeod (Dalmore) as I thought they should be with family.

1. A' CUMAIL CUIMHNE AIR LAOCH

'22 year old John McLeod escaped from the Isle of Lewis, assuming he was wanted for murder. By the time he died at the age of 89 in 1905, he was the patriarch of a large Pierce County family that included fur traders, American settlers and Native Americans. He witnessed the California gold rush and the Puget Sound Indian War. Chronicling the life of McLeod and his family, this exhibit showcases several generations adapting to changing times.'

NOCHD NA FACAIL SEO, còmhla ri dealbh de Iain MacLeòid, ann an sanas airson taisbeanadh a chuir *Fort Nisqually Living History Museum* air dòigh ann an 2013. 'S e *'Escape, Intrigue and a Shot of Whisky'* an t-ainm a bh' air an taisbeanadh agus ruith e fad faisg air ceithir mìosan, bho 10 Lùnastal gu 1 Dùbhlachd. Thug an taisbeanadh seo blasad dhan t-saoghal mhòr de bheatha duine a dh'fhiosraich iomadach tionndadh na fhreastal. Còrr math is ceud bliadhna an dèidh a bhàis, tha cliù Iain MhicLeòid fhathast beò ann am beul-aithris an t-sluaigh ann am pàirt den t-saoghal far an do chuir e seachad bliadhnachan mòra.

Is ann ann an Stàit Washington ann an iar-thuath nan Stàitean Aonaichte a tha an tasglann seo, ann an sgìre rin canar Caolas Phuget. Deireadh na 18^{mh} linn, rinn Seòras Bhancùbhair, a bha na chaiptean ann an Cabhlach Rìoghail Bhreatainn, mòran rannsachaidh anns na ceàrnaidhean seo air iomall a' Chuain Shèimh. Tha e air a ràdh gum b' esan a dh'ainmich an caolas seo, às dèidh fear de na h-oifigearan aige, fear air an robh Peadar Puget; agus lean an t-ainm ris an sgìre a tha a' cuairteachadh an eastuaraigh iongantaich seo cuideachd. Ach fad iomadh linn, fada mus do sheas Puget no Seòras Bhancùbhair a-riamh ann, bha an sgìre seo na dachaigh aig mòran de threubhan tùsail Ameireaga, mar na Puyallup, na Nisqually, na Cowlitz, na Snohomish, agus mòran eile; agus bha àite mòr aig cuid den t-sluagh sin anns an eachdraidh aig Iain MacLeòid.

'S e daoine tùrail a bh' anns na treubhan seo; agus, ged a bha an cleachdaidhean agus an dual-chainnt fhèin aca fa-leth, bha pòsadh eadar na treubhan na rud cumanta. Agus ged a bhiodh buaireadh, a dh'fhaodadh a bhith fuilteach, a' togail ceann bho àm gu àm, bha iad anns a' chumantas sìtheil am measg a chèile. Bha iad beò ann an àrainneachd far an robh am bradan agus iasgan eile pailt; agus bha am fearann torrach, le beartas de dhearcan agus de chnothan mun cuairt. A thuilleadh air an sin, bha a' ghaoth mhaoth a bha a' sèideadh a-steach bhon Chuan Shèimh a' ciallachadh gun robh an geamhradh socair agus an seusan-fàis fada. Mar sin chan eil e na iongnadh gun tug seòladairean na Roinn Eòrpa sùil fharmadach air an sgìre an uair a thàinig iad; agus, airson greis, bha Breatainn a' dleasadh còir air Caolas Phuget, mar phàirt den *'Oregon Country'*, air an robh uachdaranachd aca aig an àm. B' ann an uair a thàinig Breatainn agus Ameireaga gu aonta mu chrìochan, ann an 1846, a chaill Breatainn còir air Caolas Phuget agus a thàinig e fo smachd Ameireaga.

Ach dè is coireach gu bheil, chun latha an-diugh, luaidh ga dhèanamh air fear le ainm Gàidhealach anns na ceàrnaidhean fad às seo? Gun teagamh, chuir Iain MacLeòid bliadhnachan mòra seachad san sgìre, rud a bha caran annasach do eilthirich às an Roinn

1. REMEMBERING A PATRIARCH

'22 year old John McLeod escaped from the Isle of Lewis, assuming he was wanted for murder. By the time he died at the age of 89 in 1905, he was the patriarch of a large Pierce County family that included fur traders, American settlers and Native Americans. He witnessed the California gold rush and the Puget Sound Indian War. Chronicling the life of McLeod and his family, this exhibit showcases several generations adapting to changing times.'

THESE WORDS accompanied a photograph of John McLeod in publicity material for an exhibition entitled *'Escape, Intrigue and a Shot of Whisky'*. Mounted by the *Fort Nisqually Living History Museum*, the exhibition ran between 10 August and 1 December 2013. The concise summary encapsulated an eventful life. It presented an overview of the life of one whose name continues to be vibrant in folklore well over a hundred years after his death, one who is now widely perceived as both a pioneer and a patriarch.

The *Fort Nisqually Living History Museum* is situated in the heart of the State of Washington, in the north-west of the United States, in an area known as Puget Sound. During the latter half of the eighteenth century, the renowned George Vancouver – a captain in the Royal Navy of Great Britain – undertook exploration and surveying of much of the Pacific Coast of North America. When he discovered the complex estuarine system known today as Puget Sound, he named it after one of his lieutenants, Peter Puget. Subsequent to that, the surrounding inland area also came to be known as 'Puget Sound'. For centuries, however, before Vancouver or Puget arrived, this area was home to considerable numbers of indigenous people, such as the Puyallup, the Nisqually, the Cowlitz, the Snohomish, and numerous others as well. Some of these were to feature significantly in the history of John McLeod.

Whilst the different tribes in the region tended to have their own customs and dialects, they co-existed in relative harmony, apart from some notable exceptions. Inter-marriage was commonplace and, indeed, customary. In many ways, their natural environment was comparatively lush. Not only was the salmon abundant, but so also were various other species of fish. Besides this, the soil here was fertile, the climate mild, and the land produced a wealth of berries and of nuts. Perhaps it is little wonder that the early European explorers should cast covetous eyes on these parts; and, for a number of years, the British staked a claim to Puget Sound as part of their *'Oregon Country'* in Northern America. It was with the setting of the 49th parallel as the British-American boundary in 1846 that the area finally came under American jurisdiction.

But what is so remarkable about John McLeod that he should be deemed worthy of continued remembrance? It is true that he lived in these parts for almost seven decades, in an era when it was unusual for Europeans to do so. That, in itself, is noteworthy. But perhaps what characterizes John's narrative is the fact that it reflects a providence in which there was a potent intermingling of hardships and hazards. It is evident that he embraced numerous twists and turns in his fortune with formidable inner strength

Eòrpa anns an linn ud; ach chan ann airson sin a-mhàin a tha an t-ainm aige air bilean dhaoine fhathast. B' e a bha seo ach fear ris an do thachair iomadach dùbhlan agus a dh'fhàg dìleab de dh'iomradh-beatha anns a bheil gàbhadh agus cruadal a' nochdadh tric agus minig. Ghabh e ris gach nì a thàinig na rathad le tapachd bodhaig agus inntinn; ach tha e follaiseach cuideachd gun robh e àbhachdach agus teò-chridheach na nàdar.

Delbert McBride (1920 – 1998) à Olympia, Washington. Bha ùidh aige ann an eachdraidh an teaghlaich agus ann am beatha nan daoine a ghluais a-steach do thaobh siar Ameireaga, agus fhuair e air tòrr fiosrachaidh a chruinneachadh mun deidhinn.

Delbert McBride (1920 – 1998), of Olympia, Washington. He had an interest in the history of his family and in pioneer life, and was able to gather much information about these, including letters, documents and photographs.

Càirdean a' coinneachadh ann an ionad Chomann Eachdraidh Chàrlabhaigh ann an 1997: Fay (NicLeòid) Hay a rugadh 's a thogadh sna Geàrrannan; Albert (Bud) McBride, fionn-ogha Iain 'Ain 'ic Iain; Aonghas G. MacLeòid, Dail Mòr.
Relatives meeting at the Carloway Historical Society premises in 1997: Fay (MacLeod) Hay who was born and brought up in Garenin; Albert (Bud) McBride, great great grandson of John MacLeod; Angus G. MacLeod, Dalmore.

and a degree of stoicism. Indeed, his annals abound in instances which demonstrate a robust resilience when confronted with challenges in providence. And yet, his story is often enlivened with flashes of levity, a factor that ensures that the enduring impression emerging from an overview of his life is one of a warm and colourful personality.

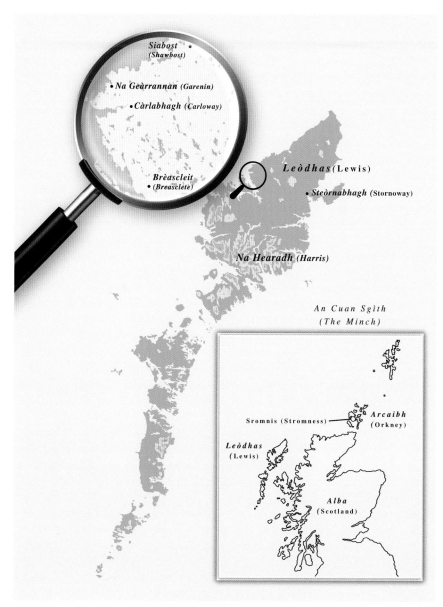

Na Geàrrannan: Suidheachadh
Garenin: Location

2. SAOGHAL NA H-ÒIGE

IS ANN FADA air falbh bho Stàit Washington, air iomall cuan mòr eile, a tha sgeulachd Iain MhicLeòid a' tòiseachadh, aig toiseach na naoidheamh linn deug. Mu 4500 mìle an ear air Caolas Phuget bha saoghal a bha gu math eadar-dhealaichte ri caolasan fasgach a' Chuain Shèimh. Ged a bha acarsaidean agus tràighean eireachdail an siud 's an seo air taobh siar Leòdhais ann an Eileanan Siar na h-Alba, bha an cladach corrach agus 's e an Cuan Siar, a bhiodh gu tric bagarrach, a bha gan cuairteachadh. Nan seòladh duine chun iar às an seo, 's e fearann ceann a tuath Ameireaga an ath thìr a thigeadh air fàire.

Bha sreath de bhailtean beaga air taobh siar an Eilein agus anns an naoidheamh linn deug bha Càrlabhagh air aon de na bailtean a bu mhotha. B' ann do Sgìre nan Loch a bhuineadh am baile. Ann an 1833 b' e an t-Urramach Raibeart Fionnlasdan, ministear Sgìre nan Loch, a chuir ainm ris an fhiosrachadh ionadail a th' air a chlàradh san Statistical Account 1834-35. Tha e ag aithris gun deach àireamh an t-sluaigh sa pharaiste an àirde bho 1875 neach anns a' bhliadhna 1801 gu 3067 ann an 1831. Bha 901 dhiubh sin a' fuireach ann an Càrlabhagh. Tha an cunntas ag aithris gum biodh mòran den t-sluagh a' snìomh agus a' fighe na clòimhe agus a' dèanamh phlaideachan, ach b' ann airson am feumalachd fhèin a bha sin. A rèir a' chunntais seo cuideachd, bha 100 tunna de dh'fheamainn a' falbh às a' pharaiste gach bliadhna. Bhiodh an fheamainn seo air a losgadh agus bha an luath a thigeadh bhuaithe loma-làn de stuthan ceimiceach a bha feumail airson caochladh rudan, mar siabann agus glainne, a ghiollachd. Ach a dh'aindeoin an tomhas sin de shoirbheachadh, mar a bha àireamh an t-sluaigh a' sìor èirigh bha cor an t-sluaigh a' sìor theannachadh.

Bha an talamh-àitich air tuath Leòdhais air a roinn na chroitean, no na *lotaichean*, mar a bhithear gan ainmeachadh ann an Leòdhas chun an latha an-diugh. 'S e mìrean fearainn a tha sin, anns a' chumantas timcheall air ceithir àicearan a mheud. Uaireigin, bhiodh gu math tric na bu lugha na sin aig daoine ma bha am fearann air a roinn air buill eile den teaghlach. Aig an àm ud, bhiodh iad air an obrachadh leis gach duine a' cuideachadh a choimhearsnaich, mar gum buineadh iad uile dhan aon teaghlach; agus cho luath agus a bhiodh an fheadhainn òga comasach air cuideachadh, bha sin air a shùileachadh bhuapa, gu h-àraid is dòcha bho chiad-ghin mic. Chan eil teagamh nach robh sluagh nan ceàrnaidhean seo cleachdte ri freastal cho caochlaideach ris an fhairge a bha gan cuairteachadh; agus, mar sin, is dòcha gun robh caractar sluagh nan eilean air a chumadh ri cruadal.

Air iomall baile Chàrlabhaigh, bha coimhearsnachd nan Geàrrannan. B' e cruinneachadh beag de thaighean-tughaidh a bha seo, os cionn a' chladaich agus ann am fasgadh nan cnoc. Agus sin far a bheil freumhan Iain MhicLeòid rin lorg oir 's ann sa choimhearsnachd seo a bha dachaigh a phàrantan, Catrìona agus Iain. Aig an àm ud, cha robh dachaighean nan Geàrrannan buileach far a bheil an t-sreath de Thaighean Dubha a chithear ann an-diugh, agus iad air an sgeadachadh gu grinn. Is ann a bha iad air an togail beagan astar deas air an sin, air tulach rin cante *An Sìthean*.

Mar gach coimhearsnachd eileanach eile, bha muinntir nan Geàrrannan gu mòr an urra ri toradh na mara agus na talmhainn; agus, anns an latha ud, bha iad le chèile

2. EARLY DAYS

JOHN WAS BORN in 1815, the first child of his parents, John and Catherine Macleod. His roots lie far from the State of Washington. Some 4500 miles east of Puget Sound there is another coastal region which contrasts sharply with that sheltered estuary and the gentle Salish area of the Pacific. On the west side of the Island of Lewis, in the Western Isles of Scotland, much of the coastline has been pounded into spectacular structures by the Atlantic Ocean which washes its shores. Although these majestic formations are interspersed with sheltered anchorages and secluded beaches, the ocean can often be forbidding and, indeed, hostile. If one were to sail due west from here, the next landmass to emerge over the horizon would be that of North America.

Of the series of villages strung out along the west coast of Lewis in the early nineteenth century, Carloway was one of the largest. At that time, Carloway formed a part of the Parish of Lochs. The entry in the Statistical Account of 1834-45 for the Parish of Lochs, then part of the county of Ross and Cromarty, was completed and signed by Rev. Robert Finlayson (minister of that parish from 1831 to 1856) in 1833. It records that, between 1801 and 1831, the population of the parish escalated from 1875 inhabitants to 3067. Of these, 901 lived in Carloway.

The Account notes that many of the adult population were skilled in spinning and weaving woollen cloth, but this was almost exclusively for their domestic use. It also reports that 100 tons of seaweed were exported annually from the parish. Prior to shipment, the seaweed was dried and burnt. The resulting ash, known as 'kelp', was used in a number of chemical processes, notably the production of soap and glass. But despite that measure of prosperity, the rising population put the meagre resources available to the parishioners under increasing pressure.

On the fringe of Carloway, there was a smaller settlement: Garenin. It consisted of a huddle of low thatched houses, clinging to the shelter of the coastal slope. At the time of John's birth, the dwellings of the Garenin families were situated a short distance south of the restored Blackhouse Village which today acts as a magnet to tourists and travellers from all over the world. It was around a hillock which was known locally as the '*Sìthean*' that these humble, but hospitable, homes were concentrated .

In May 1815, as spring turned to summer, the community of Garenin rejoiced with the young Macleod couple as they welcomed their first child into the world. They called him John. The Gaelic form of that name is Iain; and, as was traditional, the youngster quickly came to be identified by his patronymic: Iain 'Ain 'ic Iain. This indicated that both his father and his grandfather had also borne the same name. To this day, it is by his patronymic that the oral tradition of his native community remembers John.

As John grew up, siblings arrived. First, there were two sisters – Peggy and Catherine. Three brothers followed – Norman, Donald and Murdo. The family's working life revolved around the fishing seasons and the routine of the croft – or the '*lots*', as these individual parcels of land were generally termed in Lewis. Many of these measured around four acres, although they could be less if the croft was subdivided among members

© Christine Davidson

Beachd neach-ealain air an t-Sìthean far an do rugadh Iain 'Ain 'ic Iain,
deas air far a bheil taighean-dubha nan Geàrrannan an-diugh.
*An artist's impression of Sìthean, where John was born, slightly to the
south of the present day blackhouse village.*

of the family. At that time, much of the work was undertaken within the framework of a close-knit community co-operating amicably. People were heavily dependent on the crops which the land could be persuaded to produce. Staple items such as oats, barley and potatoes were essential to sustain both the family and their cattle throughout the year. Every member of the family was expected to help with croft work from a young age; and John was raised with the awareness that work was a fundamental element of life.

Fishing was the other mainstay of the community; and, although the sea could on occasion exact a cruel toll, it was also a major source of sustenance and income.

In John's young days, universal education was not yet a reality in the islands. Hence, his experience of formal schooling was scant. In any case, the life-skills of herding, agriculture, and fishing were considered to be of primary importance within the island economy. No doubt some of the practical experiences of his youth were to stand John in good stead in time to come. According to oral tradition, he also acquitted himself well on the sporting scene of his day. By all accounts, he was endowed with a degree of strength that was perhaps superior to most of his peers. This would also prove to be an invaluable asset to him in time to come. But meantime, the days and seasons continued in a familiar rhythm.

An unexpected development

AGAINST the backdrop of the strong work ethic which John absorbed in his early years, another activity featured on the fringes of life on the croft. The ancient craft of distilling liquor appears to have been a part of life in Scotland throughout the centuries. Many contend that the origin of the practice may be ascribed to the ancient Celts, maintaining that the Dalriadic people, who came from Ireland, brought the secrets of the skill with them. Perhaps the fact that the word 'whisky' has evolved from the Gaelic *uisge beatha*, meaning 'water of life', adds weight to this theory; and, as the name indicates, the substance was generally perceived to have medicinal properties. In that context, it was commonly used in the treatment of numerous ailments, including smallpox, palsy and colic. It is equally apparent that, in an area where the climate was not always congenial, and in an era when harsh conditions prevailed, its recreational element also had a significant profile.

Although certainty regarding its origins is clouded by the mists of the ages, the first reliably documented evidence of whisky production in Scotland appears in the Scottish Exchequer Rolls. These are the documents which chronicled details of the finances of the royal household. In the late 15th century, the occupant of the Scottish throne was James IV. Besides being the last Gaelic-speaking king of Scotland, James IV was also the last Scottish monarch to perish as he led his forces into combat. It was at the Battle of Flodden, in 1513, that he shared a premature end to life along with an estimated 10,000 of his troops. But in 1494/1495 that fateful day was still a long way off; and the Exchequer Rolls for that year record a payment made to a Friar John Cox for a consignment of malt with which he was to make a quantity of *'aqua vitae'*. It has been reckoned that, in today's terms, the amount of malt that is mentioned could yield nearly 1,500 bottles.

Such a substantial quantity of whisky may, initially, seem to reflect on the royal household; but, in his 'Complete Book of Whisky', Jim Murray notes that, as the king was at this time still a very young man, and one who *'considered himself something of a*

ag iarraidh a bhith a' strì gu dian riutha airson bith-beò a thoirt asta. As t-earrach agus toiseach an t-samhraidh, bhiodh mòine ri bhuain airson gum biodh connadh aca fad na bliadhna; agus bhiodh an talamh ri thionndadh agus am bàrr ri a chur; ach bhiodh daoine cuideachd a' cur fàilte air làithean fada agus aimsir fhàbharach.

Agus b' ann aig a leithid sin a dh'àm, sa Chèitean 1815, a bha tuilleadh adhbhar toileachais aig Catrìona agus Iain; oir sin an uair a rugadh a' chiad mhac dhaibh, air an tug iad Iain. Seach gur e Iain an t-ainm a bha an dà chuid air athair agus seanair an fhir bhig, cha b' fhada gus an robh an gille air ainmeachadh agus air aithneachadh san nàbachd mar *Iain 'Ain 'ic Iain*. B' e sin an t-ainm a lean ris agus an t-ainm leis a bheil cuimhne air sìos tro na ginealaichean. Mar a bha am fear beag ag èirigh an àirde, bha an teaghlach a' leudachadh. Thàinig an toiseach dà phiuthar, Peigi agus Catrìona; agus an dèidh sin thàinig triùir bhràithrean: Tormod, Dòmhnall, agus Murchadh.

An uair a bha Iain ag èirigh an àirde, cha robh cus cothrom aig a' mhòr-shluagh air tuath Leòdhais air foghlam. Mar sin, cha d' fhuair an teaghlach mòran de dh'oileanachadh foirmeil; agus, co-dhiù, bha sgilean mar àiteachas, iasgach agus buachailleachd air am meas na b' fheumaile ann an dòigh-beatha an eilein. Chan eil teagamh nach robh cuid de na sgilean a thog e na òige gu feum dha Iain anns an t-saoghal mhòr a bh' air thoiseach air, ged a bha sin fhathast an ainfhios dha. Tha e air aithris gun robh deagh chomas aige anns gach spòrs a bha a' dol na latha; agus a rèir coltais, bha e pailt cho làidir ri a cho-aoisean, no is dòcha nas treise na mòran dhiubh. Bhiodh sin cuideachd feumail dha fhathast.

Clach às an adhar

ANN AN LÙIB gach obair throm ris an robh Iain cleachdte na òige, bha sgil eile air iomall saoghal na croit. B' fhada nan cian bho bha grùdaireachd an uisge-bheatha a' dol air adhart ann an Alba. Tha cuid dhen bheachd gur e na seann Cheiltich, a thàinig à Èirinn gu Dailriada, a thug an sgil seo dhan dùthaich an toiseach; agus chan eil teagamh nach ann bhon Ghàidhlig *uisge-beatha* a thàinig am facal Beurla *whisky*. Bha meas mòr air mar leigheas airson caochladh ghalaran. Nam biodh a' bhreac, no a' pharalais no grèim-mionaich air duine, dheigheadh an t-uisge-beatha fheuchainn ris. Ach, leis gun robh beatha làitheil dhaoine gu math cruaidh, tha e soilleir gun robh meas air an uisge-bheatha cuideachd mar stuth a bheireadh beagan togail-inntinn dhaibh.

Ged nach eil cinnt mu thoiseach eachdraidheil na cùis, tha sgeul sgrìobhte air gnìomhachas na grùdaireachd ann an Clàran Ionmhas na h-Alba cho fada air ais ri deireadh na 15^{mh} linn. Anns na Clàran sin, tha iomradh air cùisean ionmhasail an Rìgh Seumas IV a bh' air an rìgh-chathair aig an àm. A thuilleadh air gum b' esan am fear mu dheireadh de rìghrean na h-Alba a bha fileanta sa Ghàidhlig, b' e Seumas IV cuideachd an rìgh Albannach mu dheireadh a chaill a bheatha agus e air ceann a shluaigh air blàr a' chogaidh. Thachair sin aig Blàr Flodden ann an 1513, far an do thuit e fhèin agus mu 10,000 de na saighdearan aige; ach ann an 1494/95, cha robh an latha dubh sin fhathast air fàire.

Sin an uair a dh'òrdaich an rìgh gum biodh manach air an robh Iain Cox air a phàigheadh airson luchd de bhraiche leis an dèanadh Cox *'aqua vitae'* dhan chùirt rìoghail. Agus cha b' e am beag dhen stuth làidir a bha an rìgh a' sireadh: le tomhas an latha an-diugh, dhèanadh an luchd a th' air ainmeachadh faisg air mile gu leth botal. Ach, mar a tha Jim Moireach a' togail na leabhar 'Complete Book of Whisky', bha an rìgh aig an

doctor', much of these supplies may have been requisitioned for professional purposes.

The reference to a 'friar' being given such a contract is not altogether surprising as, historically, the skill of distilling seems to have been commonplace in many monasteries; and, indeed, in Ireland there are accounts of monastic distilleries long before this time.

How sophisticated the distilling equipment – or, indeed, the end produce – may have been in those bygone days is questionable. Some other aspects of the matter, however, are not in any doubt: with the passage of time, production methods were evolving and improving; the practice was becoming ever more widespread; and the popularity of *uisge beatha* was on the increase. Besides being appreciated for its qualities as a stimulant, it had popular appeal as an indication of hospitality; and, gradually, it came to be recognized as part of the culture of Scotland.

But, perhaps inevitably, in view of such developments, the distilling business did not escape the attention of those tax officials who were ever zealous in the business of swelling the coffers of the realm; and, accordingly the burden of taxation on distilling escalated. This was eminently true in the course of the 18th century, following the Act of Union. In some instances, there were those of an entrepreneurial disposition who recognized the potential of whisky as an industry; and some went on to become, in time, flourishing businesses. But in many areas throughout mainland Scotland, distilling in the conventional manner was driven underground and it became a clandestine activity. It was also an activity that was to have a profound effect on the life of John Macleod.

The situation that prevailed in mainland Scotland was reflected throughout the islands, including Lewis. In spite of the stringent measures that were introduced to discourage and discontinue the use of traditional stills, the time-honoured custom continued in many island townships. Illicit stills were usually situated in secluded locations well away from prying eyes, especially those of the excise officers, known as *'guagers'*, whose business it was to outlaw the practice. These gentlemen were generally feared and despised in equal measure. In common with many other parts of rural Lewis, Garenin also dabbled in distilling. And now, in an unanticipated development, the even tenor of John Macleod's early years was to be shattered. John became embroiled in an incident at an illicit still.

On a fateful day in the spring of 1837, he happened to be along with other lads at a local still. As was prudent in such circumstances, the still was discreetly located close to the nearby cliffs, out of sight of the community. On this unfortunate occasion, a stranger came on the scene. By the time he was spotted he was already approaching over the brow of the ridge that had hitherto shielded the little group and their covert business. At a still, the appearance of any intruder was an unwelcome occurrence. An unfriendly exchange developed. In the course of the disagreement, John and the unexpected visitor came close together in the vicinity of the fire that was an essential part of the distilling process. In an unguarded moment, John became instrumental in causing the outsider to tumble in its direction. The lively embers did not differentiate between flesh and a fresh addition of seasoned black peat. To the horror of all present, the flames engulfed the stranger. Consternation followed.

Swift action ensured that the casualty was promptly dragged aside from the hungry blaze. But he had already sustained serious burns; and his condition was manifestly critical. The hitherto carefree day had taken an alarming turn.

àm ud na dhuine gu math òg agus bha ùidh mhòr aige ann an dotaireachd agus ann an gnothaichean meadaiceach. Mar sin, dh'fhaodadh gur ann airson feumalachd na dreuchd sin a bha gu leòr den stuth seo air òrdachadh.

Chan eil e idir na annas gur e manach a bh' air fhastadh airson na h-obrach seo oir bha eòlas na grùdaireachd cumanta gu leòr ann am manachainnean; agus tha iomradh air an obair seo ann am manachainnean air feadh na h-Èireann fada ron seo.

Chan eil mòran sgeul air cò ris a bha an t-uidheam a bh' aca coltach aig an àm sin no, gu dearbh, cò ris a bha an t-uisge-beatha fhèin coltach a bharrachd. Tha fios gun tàinig piseach mòr air gach cuid ri tìde. Tha fios cuideachd gun robh an obair seo ri sìor sgaoileadh agus gun robh mac na braiche a' còrdadh ris an t-sluagh. Bha fèill mhòr air mar chomharradh air aoigheachd; agus, a' chuid 's a' chuid, fhuair e inbhe mar phàirt de chultar na h-Alba.

Is dòcha nach eil e na iongnadh gun do thàrraing an obair seo aire oifigich na cìse a bhiodh an sùil daonnan a-mach airson dòighean air sporan na dùthcha a lìonadh. Mar sin bha an tuilleadh agus an tuilleadh cìs ga leagail air grùdaireachd, gu h-àraid suas tron 18^{mh} linn an dèidh Achd an Aonaidh. Chunnaic cuid de dhaoine lèirsinneach gum faodadh, ri ùine, obair na grùdaireachd a bhith gu math soirbheachail; agus chaidh feadhainn de na taighean-staile a chaidh an stèidheachadh gu laghail air adhart gu bhith nan gnìomhachasan mòra; agus, gu dearbh, tha cuid dhiubh buan gus an latha an-diugh. Ach, air feadh mòran dhen dùthaich, is ann air falach bho shùilean an t-saoghail mhòir a chùm a' ghrùdaireachd thraidiseanta a' dol.

Anns na h-eileanan bha taighean-staile a' dol os ìosal cuideachd. A dh'aindeoin oidhirpean gus cur às do dheasachadh an uisge-bheatha, bu ghann coimhearsnachd ann an Leòdhas nach robh fhathast ris an t-seann chleachdadh gu ìre air choreigin. Mar bu trice, bhiodh na taighean-staile air an suidheachadh ann an àiteachan iomallach, air falach bho shùilean biorach, gu h-àraidh sùilean nan gèidsearan, mar a bha oifigich nan cìsean air an ainmeachadh. Bha dubh-ghràin aig an t-sluagh chumanta orrasan; agus bha fiamh agus eagal romhpa cuideachd. Agus b' e an seann chleachdadh seo a bha mar mheadhan air gun tàinig briseadh air ruitheam rianail na h-òige dha Iain 'Ain 'ic Iain, mar chlaich às an adhar.

Air latha earraich ann an 1837, agus Iain a-nis a' sreap ri dhà air fhichead, bha e fhèin agus beagan chompanaich cruinn aig taigh-staile. Bha a' bhothag aca beagan astar air falbh bho na taighean, a-staigh ris na creagan, airson a' chùis a chumail falachaidh. Bha an teine air a dhian-theasachadh dhan phoit-dhuibh, mar a bha iomchaidh airson na h-obrach. Ach nach ann a thàinig coigreach orra. Bha e mar thà air a thighinn tarsainn air an druim a bh' air a bhith a' cur falach air na gillean an uair a chaidh mothachadh dha. Cha b' e àm a bha seo airson fàilte no furan a chur air strainnsear sam bith; ach bha iad air an glacadh agus cha ghabhadh an gnothach san robh iad an sàs a bhith air a chleith. Cho luath agus a thàinig iad fhèin agus an coigreach aghaidh ri aghaidh, dh'fhàs a' chuideachd frionasach. Anns an aimhreit a lean, bha Iain 'Ain 'ic Iain mar mheadhan air gun deach an coigreach na char a' mhuiltein dhan chraos teine. Cha do chuir an lasair umhail nach b' e ultach eile de chaoran dubh a bh' ann. Ann am prioba na sùla, ghreimich an teine ri aodach a' choigrich agus chaidh e na smàl.

Le uabhas, leum na balaich mar aon duine airson a shlaodadh a thaobh; ach bha na

Bha na taighean-staile falaichte am measg nan creagan,
air falbh bhon bhaile.
The stills were hidden amonst the rocks, away from the village.

lasraichean air an gnothach a dhèanamh. Bha an coigreach air a dhroch losgadh, gu ìre nach robh cùisean a' coimhead mìr gealltanach dha.

Chan eil cinnt an-diugh cò bha na gillean am beachd a bh' anns a' choigreach a chuir dragh orra agus iad fhèin cho dòigheil. Tha cuid den bharail gun do shaoil iad gum b' e gèidsear a bh' ann; agus tha cuid eile an dùil gun deach aithneachadh mar cheàrd. Is dòcha nach biodh e duilich dha gillean nan Geàrrannan gèidsear agus ceàrd aithneachadh bho chèile air an dreach agus an cuid-aodaich. Ach bha e an aon nì dha Iain 'Ain 'ic Iain cò a bh' ann. Biodh e na cheàrd no na ghèidsear, bhiodh cuideachd an fhir a bh' ann, no an lagh, no eadhon gach cuid, an tòir air Iain. Dh'èirich taibhsean iargalta an dìoghaltais roimhe. Bha an latha earraich air tionndadh gu latha dubh.

Toiseach an turais

DHA IAIN ann an cùil chumhang; agus cha robh e fada a' tighinn gu co-dhùnadh. Bheireadh e a chasan leis. Aig aois 22, chuir e roimhe an cuan mòr a chur eadar e agus an aimlisg, agus sin a dhèanamh gun dàil.

Thug e aghaidh an toiseach air an Taigh Chusbainn ann an Steòrnabhagh far an robh riochdairean bhon Hudson's Bay Company. Air 21 Cèitean 1837 dh'aontaich e ri cùmhnant leis a' Chompanaidh. Bha sin airson 5 bliadhna ann an Ceann a Tuath Ameireaga, le tuarastal £16 sa bhliadhna. Còmhla ris an dearbh latha sin, a' gabhail ris na h-aon chùmhnantan, bha fear Aonghas MacPhàil agus fear Dòmhnall Dòmhnallach. Bhuineadh Aonghas dha Na Geàrrannan cuideachd. Is ann do Bhrèascleit a bhuineadh Dòmhnall, ach bha càirdean aige sna Geàrrannan agus bhiodh e tric a' tadhal an sin. Chan eil e soilleir an robh an dithis acasan an dùil breacan à baile a dhèanamh co-dhiù, no an robh ceangal aig a' ghluasad a rinn iad ris na ghabh àite aig an taigh-staile.

À Steòrnabhagh, thog an triùir orra gu Eileanan Tuath na h-Alba. Bho mu 1670, b' e Sromnis, ann an Arcaibh, a bha Hudson's Bay Company (HBC) a' ròghnachadh mar phort airson falbh às agus tilleadh thuige. Biodh iad a' togail mòran de luchd-obrach ann an Arcaibh airson a dhol a dh'obair ann an suidheachaidhean doirbh ann an Ceann a Tuath Ameireaga. Bha e air a ràdh gun robh iad a' cumail a-mach gun obraicheadh na h-eileanaich sin airson na bu lugha de phàigheadh na na Sasannaich, agus nach robh iad cho trom air an deoch ris na h-Èireannaich!

Air 21 Ògmhios, sheòl am *Prince Rupert IV* à Sromnis; agus am measg na bh' air bòrd bha triùir ghillean Leòdhais. Bha an aghaidh a-nis air Bàgh Hudson. Ged nach eil fiosrachadh cruaidh ri làimh mun bhòidse, tha beul-aithris ag innse mu thuras riaslach, le droch aimsir ann am fairge bhuaireasaich a' Chuain Shiair. Chan eil teagamh nach e turas fada a bh' aca oir b' ann an ceann dà mhìos, anns an Lùnastal, a leig iad sìos an acair ann an iar-dheas Bàgh Hudson, a-mach bho York Factory.

Tha am facal *'factory'* anns an ainm seo ag innse gun robh *'factor'*, no maor-malairt, anns an àite. Chaidh York Factory a stèidheachadh ann an 1684, aon de shia ionadan dhan t-seòrsa a chuir HBC air chois timcheall Bàgh Hudson.

Faodar an aire a thoirt san dol seachad gur ann mar *McLeod* a tha sloinneadh Iain air a chlàradh aig a' Chompanaidh bho seo a-mach; ach leis nach robh Iain cho geur air sgoilearachd, bidh e dualtach nach do chuir esan an dàrna umhail gun robh eadar-dhealachadh eadar *MacLeod* agus *McLeod*.

The passage of time has left lingering doubts regarding the stranger's identity as perceived by those who were at the scene that day. Some are of the opinion that they took him to be an excise officer, while others reckon that he was recognised as a meddlesome tinker. There is a strong probability that those present could readily distinguish between two such people, both by their mode of dress and by their speech; but his actual identity made little material difference to the immediate impact of the situation. Whoever he was, the prospect of his imminent demise raised grim ghosts of retribution. Whether from the law or from the victim's family and associates, or indeed all of these, reprisals were inevitable. For John Macleod, the outlook was bleak.

The journey begins

CONFRONTED with a dire situation, John's response was radical. At barely 22 years of age, he resolved to put the great ocean between him and the scene of the disaster; and to do so forthwith.

The first stage of distancing himself from the calamitous events took him to the Customs House in Stornoway, where the Hudson's Bay Company had agents. There, on 21 May 1837, John consented to a contract of service with that Company. It was for 5 years in North America, the payment to be £16 per annum. Along with him that day, undertaking similar contracts, were an Angus MacPhail and a Donald MacDonald. Like John, Angus MacPhail was a Garenin man. Donald MacDonald's home was in the nearby village of Breasclete; but he had relatives in Garenin and was a regular visitor there. It is unclear whether Angus and Donald had already planned to depart from Lewis, or whether their move may have been in some way related to the altercation at the still.

From Stornoway the three young Lewis men headed for the Northern Isles of Scotland. Since around 1670, the town of Stromness in Orkney had been the preferred first and last port of call of the Hudson's Bay Company (HBC) for its ships travelling to and from North America. HBC recruited many Orcadians for work in that harsh environment. It is alleged that they considered them to be more sober than the Irish and willing to work for less money than the English!

On 21 June, the Lewis trio formed part of the contingent who set sail from Stromness for Hudson's Bay on board the *Prince Rupert IV*. Whilst it is difficult to ascertain specific details of the conditions they encountered on that trans-Atlantic voyage, oral family tradition suggests that they were dogged by adverse weather in the North Atlantic. It was certainly a lengthy voyage as it was some two months later, in August, that they finally anchored off York Factory in the south-westerly curve of Hudson Bay. The word *'factory'* in this place-name denotes that a *'factor'*, a person acting as a mercantile agent, conducted business at that location. York Factory was established in 1684, one of six such 'factories' which the HBC had founded around Hudson Bay.

From this point, John's surname is quoted as 'McLeod' in HBC company records – not Macleod, as tended to be commonplace in Lewis; but, in view of John's fragile literacy at the time, it is questionable whether he was aware of this subtle change!

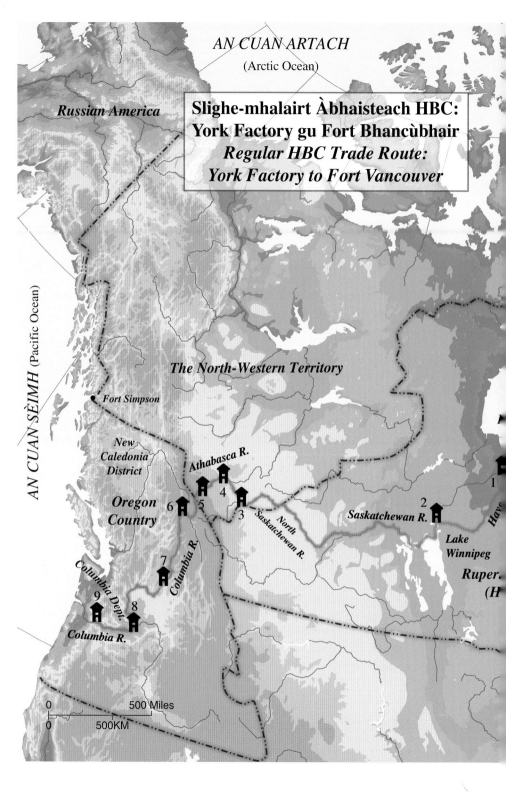

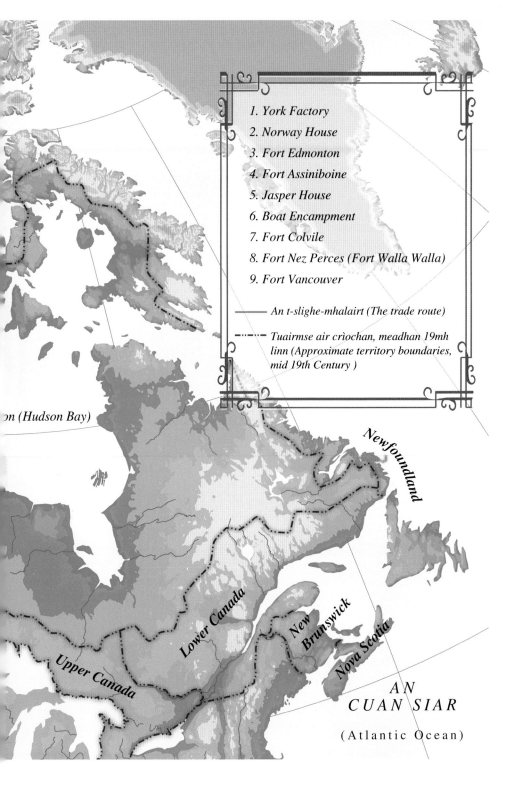

1. York Factory
2. Norway House
3. Fort Edmonton
4. Fort Assiniboine
5. Jasper House
6. Boat Encampment
7. Fort Colvile
8. Fort Nez Perces (Fort Walla Walla)
9. Fort Vancouver

——— An t-slighe-mhalairt (The trade route)

·—·—· Tuairmse air crìochan, meadhan 19mh linn (Approximate territory boundaries, mid 19th Century)

on (Hudson Bay)

Newfoundland

Lower Canada

New Brunswick

Nova Scotia

Upper Canada

AN CUAN SIAR

(Atlantic Ocean)

3. TÌR RUPERT AGUS DÙTHAICH OREGON

'**S**E COMPANAIDH MÒR dha-rìribh a bh' ann an HBC leis an robh cùmhnant aig Iain a-nis. Ann an 1670 fhuair iad còir-sgrìobhte rìoghail sònraichte bho Bhreatainn. Bha seo a' toirt dhaibh monopolaidh air Malairt Innseanach air feadh farsaingneachd sgìre nan aibhnichean a bha a' sruthadh a-steach do Bhàgh Hudson. Agus b' e fearann farsaing dha-rìribh a bha sin, rin cante Tìr Rupert aig an àm. Na b' fhaide chun iar, 's e *New Caledonia* a chante ri pàirt den sgìre air a bheil British Columbia an-diugh. Bha am Malairt Innseanach a' ciallachadh cothrom malairt ri tùsanaich na dùthcha. An-diugh, 's e *'First Nations'* a chanar riutha ann an Canada; ach anns na Stàitean Aonaichte tha na h-ainmean *'Innseanaich'*, *'Innseanaich Ameireaganach'* agus *'Tùsanaich Ameireaganach'* uile a' ciallachadh sluagh dham buin eachdraidh uasal. Bha HBC gu mòr an sàs ann a bhith a' malairt stuth às an Roinn Eòrpa ris na h-Innseanaich. An àite sin gheibheadh iad bian, gu h-àraidh bian a' bhìobhair, rud air an robh fèill mhòr ann an Lunnainn. Ach bhiodh na dearbh rudan leis am biodh iad a' malairt ag atharrachadh bho sgìre gu sgìre, agus bho àm gu àm.

Ged nach robh crìochan Thìr Rupert air an dearbhadh gu foirmeil, bhathas gu cumanta a' meas gun robh e a' sìneadh bho Labrador gu na Rockies, agus bho Bhàgh Hudson gu ceann na h-Aibhne Deirge. Bha sin mu 1.5 millean mìle ceàrnagach agus bha e a' gabhail a-steach mu thrian de Chanada an latha an-diugh. Is ann an dèidh 1867 a chaidh an t-ainm Tìr Rupert a-mach à cleachdadh. Thàinig a' chuid mhòr dheth gu bhith na phàirt dhen *'Dominion of Canada'*, mar a bha Canada air ainmeachadh gu 1953, ach tha pàirt den t-seann Thìr Rupert an-diugh sna Stàitean Aonaichte.

Ann an 1821 dh'aoin HBC leis an *North West Company*, companaidh a bh' air a bhith a' strì riutha, agus fhuair an companaidh aonaichte cead a bhith ri malairt fo ainm HBC. Bha an cead seo a' ciallachadh nach fhaodadh buidheann ach iad fhèin a bhith an sàs anns a' mhalairt seo airson 21 bliadhna. Chaidh an cead ùrachadh, airson an aon ùine, ann an 1838; agus chan e a-mhàin Tìr Rupert a bha e a' gabhail a-steach aig an ìre sin ach Fearainn an Iar-thuath agus na ceàrnaidhean a bh' air iomall a' Chuain Shèimh.

Mun àm a ràinig Iain Ameireaga, bha HBC air sreath de dh'ionadan a stèidheachadh, a' ruighinn cho fada ri Dùthaich Oregon. Bha *'Dùthaich Oregon'* aig an àm sin a' gabhail a-steach na ceàrnaidhean rin canar an-diugh Oregon, Washington, Idaho, British Columbia agus pàirt de Wyoming agus Montana. Bha crìochan gu mòr nan adhbhar còmhstri. Ann an 1846, shuidhich Còrdadh Oregon a' chrìoch eadar còirichean Ameireaga agus còirichean Bhreatainn aig Loidhne 49°; agus tha sin fhathast a' seasamh mar a' chrìoch eadar Canada agus na Stàitean Aonaichte.

Is ann gu obair HBC ann an Roinn Cholumbia ann an Oregon a bha Iain air a shònrachadh. Mar sin, an dèidh York Factory a ruighinn, bha slighe de 2600 mìle eile fhathast air thoiseach air. Dà uair sa bhliadhna, as t-earrach agus as t-fhoghar, bho 1821 gu 1846, bhiodh briogàdan HBC a' siubhal bho York Factory gu Fort Bhancùbhair, far an robh prìomh-ionad HBC ann an Roinn Cholumbia. Chante *Express a' Cholumbia*, no *Express an Fhoghair*, ris a' bhriogàd leis an do dh'fhalbh Iain. Am measg na bhiodh aca ri toirt leotha, bhiodh fiosrachadh mu chùisean HBC, agus litrichean; agus a thuilleadh air an sin

3. RUPERT'S LAND AND THE OREGON COUNTRY

THE HBC, with whom John had a contract, was a huge concern. By a British royal charter of 1670 it had been granted a monopoly of Indian Trade in the whole drainage area of Hudson Bay, an immense territory known then as *Rupert's Land*. Further west lay *New Caledonia*, part of the area that is today British Columbia. The *'Indian Trade'* referred to trade with the indigenous people of the region. They subsequently came to be referred to as 'First Nations' in Canada, whilst in the United States the terms 'American Indian', 'Native American' and 'Indian' are all recognized as indicative of a proud heritage. Much of the *'Indian Trade'* involved the exchange of European goods for furs, especially beaver, which was highly prized on the London fashion market; but the products tended to vary both by region and by era.

Whilst the boundaries of Rupert's Land were not clearly defined, the area was commonly understood to extend from Labrador to the Rocky Mountains and from Hudson Bay to the headwaters of the Red River. It accounted for a vast swathe of some 1.5 million square miles, over a third of modern Canada. Most of it eventually came to be part of the *'Dominion of Canada'*, as Canada was known until 1953, whilst extending also into an area that is today part of the north central United States.

In 1821 when HBC united with its rival, the North West Company, they were given an exclusive licence to trade for 21 years, under the name and charter of the HBC. This licence was revived for the same term in 1838; and it included not only Rupert's Land but also the Northwest Territories which lay beyond it, and also the Pacific slope.

By the time of John's arrival, HBC had established a series of inland posts, stretching as far as the area known then as the *'Oregon Country'*. The Oregon Country included present-day Oregon, Washington, Idaho, part of British Columbia and also part of Montana and of Wyoming. Boundaries were the subject of numerous disputes. Eventually, in 1846, the Oregon Treaty established the British-American boundary at the 49th parallel and, to this day, this continues to be recognized as the Canadian-USA border.

It was to the Columbia Department, within HBC's area of operations in the Oregon Country, that John was assigned. Accordingly, from his arrival at York Factory, a further journey of over 2600 miles now lay ahead of him. Twice annually, in spring and autumn, from 1821 to 1846, HBC 'brigades' would travel the route between York Factory and Fort Vancouver, which was then the headquarters for the HBC's Columbia Department. The westbound brigade of the autumn, to which John was designated, was known as the Columbia Express, or the Autumn Express, as it also carried departmental reports, letters and, significantly, company monies. Considering the terrain and time that the journey involved, the term 'express' may sound rather inappropriate to modern ears, although it seems that a small number of messengers would, at some stage, generally speed ahead with the more important business items, unencumbered with the heavier packages of cargo for which the other members of the brigade were responsible.

bhiodh cuideachd airgead a bhuineadh dhan chompanaidh nan cois. Ma bheachdaicheas duine air gnè an fhearainn, agus an ùine a bheireadh siubhal, is dòcha nach e ainm buileach freagarrach a bh' ann an *Express*; ach bha e cleachdail gum biodh buidheann beag a' siubhal le dian-chabhaig air thoiseach air càch leis na rudan a bha deatamach.

An uair a dh'fhàgadh briogàd York Factory a' dol bhon ear chun iar, biodh na h-ainmean a leanas a' nochdadh air an t-slighe àbhaisteach a ghabhadh iad: na h-aibhnichean Hayes agus Nelson, Norway House, Lake Winnipeg, na h-aibhnichean Saskatchewan agus an Saskatchewan-a-Tuath, Fort Edmonton, Fort Assiniboine, an abhainn Athabasca, Jasper House, Bealach Athabasca, Boat Encampment, Fort Colvile, Fort Okanogan, Fort Nez Perces, agus an ceann-uidhe – Fort Bhancùbhair.

Bhiodh mòran aig Iain 'Ain 'ic Iain ri fhiosrachadh mus ruigeadh e ceann na slighe seo; ach an latha a chuir e a chùl ri York Factory, bha seo gu math dall air.

A' chiad gheamhradh

ANNS A' CHUMANTAS, bhiodh eadar 40 agus 75 duine ann am briogàd agus bhiodh co-dhiù dà bhàta, agus uaireannan suas ri còig, aca. Tha aithris bho 1839 ag innse gun tugadh an t-slighe bho York Factory gu Fort Bhancùbhair mu thrì mìosan agus deich latha. Leis an sin, bhiodh iad a' siubhal faisg air 26 mìle san latha. Aig diofar ìrean, a rèir cò ris a bha an t-slighe coltach, bhiodh iad a' falbh dhan cois; uaireannan, bhiodh iad air na h-eich; agus bhiodh mòran dhen t-slighe ann an canù, no anns an t-seòrsa bàta ris an cante *York boat*.

Is ann air York Factory fhèin, an t-àite far an robh an t-slighe chun iar a' tòiseachadh, a bha an *York boat* air a h-ainmeachadh. Bha i gu math na bu tapaidh na canù. Is ann a bha i air a togail coltach ris an *yole*, no *yawl*, a bhiodh aig muinntir Arcaibh. 'S e cumadh Lochlannach a bh' oirre; agus cha robh i aocoltach ris an 'sgoth Niseach' air an robh maraichean nan Eilean Siar eòlach. Anns a' chumantas, bhiodh mu 40 troigh a dh'fhaid sna soithichean seo agus bheireadh an fheadhainn bu mhotha dhiubh suas ri 6 tonna de luchd leotha. Mar sin, 's i a b' fheàrr le HBC a bhith a' cleachdadh far an gabhadh sin dèanamh. B' e an aon rud a bha na h-aghaidh gun robh i ro throm airson a giùlan tarsainn air fearann; agus mar sin, b' ann air rolairean a dh'fheumar a toirt bho aon uisge gu uisge eile.

A thuilleadh air iad fhèin fhaighinn gu an ceann-uidhe, bha aig a' bhriogàd ri luchd de charago fhaicinn gu sàbhailte chun cheann-uidhe cuideachd. Air an t-slighe chun iar, 's e luchd de fheumalachdan dhaoine agus bathar às an Roinn Eòrpa a bhiodh aca. An uair a bhiodh briogàd a' siubhal gu sear, 's e bian a bu mhotha bhiodh iad a' giùlan, air an t-slighe gu uaislean Lunnainn agus an samhail.

Gu math tric, bhiodh *portaging* aca ri dhèanamh. Sin mar a bhiodh gach canù, bàta, agus carago gan gluasad tarsainn air fearann bho aon uisge gu uisge eile no, aig amannan, timcheall air cnap-starra ann an abhainn. Bhiodh an carago air a roinn na phasgain, anns am biodh mu 90 punnd am fear. Bhiodh sia dhiubh sin an urra ris gach duine. Dh'fhalbhadh e le aon dhiubh airson mu leth-mhìle agus dheigheadh e an uair sin air ais airson fear eile. Aon uair agus gum faigheadh e na sia dhan aon àite, bhiodh e deiseil airson gluasad air adhart. Bhathas dhan bheachd gun toireadh e uair a thìde airson sia pasgain a ghluasad leth-mhìle; agus tha e air aithris gun robh Iain 'Ain 'ic Iain cho làidir agus gun toireadh e

From York Factory, the place-names that were scheduled to feature in John's journey as the brigade embarked on the usual east-west route included the Hayes River and the Nelson River, Norway House, Lake Winnipeg, the Saskatchewan River and the North Saskatchewan River, Fort Edmonton, Fort Assiniboine, the Athabasca River, Jasper House, the Athabasca Pass, Boat Encampment, Fort Colvile, Fort Okanogan, Fort Nez Perces, and the destination – Fort Vancouver.

But, as yet, these names were all unknown quantities to John McLeod. For him now, each day was one of discovery.

The first winter

A BRIGADE usually consisted of between forty and seventy-five men. Along with them would be between two and five boats. A report from 1839 cites the regular travel time from York Factory to Fort Vancouver as three months and ten days. This averages almost 26 miles per day. Their mode of transport would vary at different stages of the route, depending on the nature of the terrain. Whilst a good deal of their travel would be undertaken on foot and some on horseback, much of it would be in canoe or York boat.

The 'York boat' was so called after the starting point of the trans-continental journey from Hudson Bay. In construction it was much sturdier than a canoe as it was modelled on the Orkney *yole,* which was Nordic in design. Indeed its shape was similar to that of the *sgoth Niseach* of the Hebrides. Generally around 40 feet in length and able to carry over 6 tons of cargo, it was favoured for its efficiency by the HBC wherever circumstances permitted. Its disadvantage was that it was much too heavy to be carried overland. Hence, where overland transportation was necessary, the use of a rollers system was required.

Besides making their way to their destination, the brigade also transported cargo. When travelling west, they would be laden with supplies and trade goods. When travelling east, the cargo would be mainly furs destined for London. During travel, portaging was frequently necessary. This was a system whereby canoes, boats and cargo were moved overland between two bodies of water, or around an obstacle in a river. The cargo was divided into packs which weighed approximately 90 pounds apiece. Each man was usually responsible for 6 of these. He would carry one for about half a mile and then go back for another pack. When he had carried all his packs to the same point, he was ready to move on to a new section of the route. The time for such a portage was estimated at one hour per half mile. It is recorded that John McLeod's strength was such that he was capable of carrying a pack weighing half as much again as any of his fellow-travellers could handle.

The first stage of the long journey saw John and his fellow-workers heading southward on the regular brigade trail along Hayes River towards Norway House, approximately 19 miles north of Lake Winnipeg. Soon, however, as they progressed further inland through the area now known as Manitoba, they encountered extreme weather. On this occasion, winter had set in early; and they were soon trapped by heavy snows. The snowfall was followed by an intense freeze. With the weather dictating the agenda, progress ground to a halt. Previous travel targets were now abandoned. As

leis pasgan a bha a leth uiread eile cho trom ri gin a bheireadh càch leotha.

Thòisich Iain agus a chompanaich air an t-slighe àbhaisteach tarsainn air mòr-thìr Ameireaga le bhith a' togail orra gu deas, a' leantainn na h-Aibhne Hayes agus iad a' dèanamh air Norway House. Bha sin mu 19 mìle tuath air Lake Winnipeg; ach cha b' fhada gus an do dhùin geamhradh cruaidh a-steach orra agus e air a thighinn a-steach tràth a' bhliadhna ud. Bha iad air an glacadh le sneachda mòr anns an sgìre rin canar an-diugh Manitoba. Agus air sàil an t-sneachda, thàinig dian-reothadh. Chuir sin stad air adhartas. Gus iad fhèin a chumail beò, b' eudar dhaibh tòiseachadh air na daimh fhiadhaich a mharbhadh. Chumadh sin an t-acras air falbh; agus cha ghrodadh an fheòil agus iad air an cuairteachadh le ciste-reothaidh nàdair. Nam biodh an aimsir fàbharach, bha iad air an cumail trang a' dèanamh beagan seilg airson bian a ghlacadh.

Gu follaiseach, cha robh an turas seo a' leantainn a' phàtrain àbhaistich. Is dòcha nach robh Iain air mòran de dh'fhoghlam foirmeil fhaighinn; ach 's ann a bha e a-nis na oileanach ann an Colaiste a' Chruadail – agus cha b' e cùrsaichean furasta a bh' innte. Bha fios is faireachdainn aige a-nis carson is e *'An Talamh Fuar'* a bhiodh aig na Gàidheil air a' cheàrnaidh seo den t-saoghal!

A' siubhal gu siar

CHAIDH na seachdainnean nam mìosan agus leisg air a' gheamhradh a smachd air an tìr a leigeadh às; ach mu dheireadh thall thug gaoth mhaoth an earraich buaidh. Thàinig an t-aiteamh gu raointean reòite An Talaimh Fhuair; agus na chois thàinig an t-àm dhan luchd-siubhail togail orra a-rithist. B' e Iain Tod, a bha na Phrìomh Cheannaiche aig HBC, a ghabh uallach a' bhriogàid. Bha Iain 'Ain 'ic Iain agus Aonghas MacPhàil, a charaid às Na Geàrrannan, le chèile anns a' chuideachd. Ghabh iad an t-slighe àbhaisteach, a' cumail orra air an Abhainn Saskatchewan, agus an uair sin an Saskatchewan-a-Tuath, agus iad a' dèanamh air Fort Edmonton, a bha faisg air far a bheil baile mòr Edmonton an-diugh.

Aig Fort Edmonton (no *Edmonton House* mar a tha e uaireannan air ainmeachadh) bha am maor-malairt a bh' aig HBC ann an sin, fear Iain Rowand, anfhoiseil mu chùisean. Thug e an aire gun robh àireamh de dhaoine air a thighinn a-steach dhan bhriogàd agus bha am buidheann gu math na bu mhotha na an àbhaist. Ach chum iad orra; agus thug sia latha eile de shiubhal leis na h-eich iad gu Fort Assiniboine, astar 80 mìle. B' e an canù an còmhdhail a bh' aca an dèidh sin, a' siubhal air an Abhainn Athabasca gu Jasper House, aig ceann Lake Jasper.

Bha na Rockies a-nis romhpa, agus iad ag èirigh gu h-uasal dha na sgòthan. Thug greis eile air na h-eich na b' fhaide suas an Athabasca iad, chun Abhainn Whirlpool. Tha Bealach an Athabasca fada gu h-àrd anns na Rockies, còrr air 5700 troigh os cionn ìre na mara. Aig an àirde sin, thug sneachd tràth tàire dhaibh; ach air 10 Dàmhair, ràinig iad an ìre a b' àirde dhen t-slighe. A rèir beul-aithris, ghabh dithis shagart Fhrangach a bha sa chuideachd an t-aifreann ann an sin aig trì uairean sa mhadainn. Cha robh e na annas sam bith gun robh sagartan sa chuideachd oir bha caochladh bhuidhnean a' cur mhiseanaraidhean dha na h-àiteachan seo aig an àm.

A dh' aindeoin duilgheadasan, chuir am briogàd *'La Grande Traverse'* air an cùl. Sin mar a bha an earrann den t-slighe a bha gan toirt bho sgìre uisgeachan an Athabasca gu sgìre uisgeachan a' Cholumbia air ainmeachadh. Air 13 Dàmhair, bha iad air taobh

survival became the priority, the travellers resorted to killing buffalo and, surrounded by nature's deep-freeze, they preserved the flesh in order to keep hunger at bay. When weather permitted they also spent time trapping furs. On this occasion, the journey was clearly not following the customary pattern.

For the young Lewisman, it was a harsh introduction to life in a new continent. No doubt he quickly appreciated, through exposure to these raw conditions, why this part of the world was known in Gaelic as *'An Talamh Fuar'*, meaning The Cold Country! John's formal education may have been rudimentary; but he was now a seasoned student in the School of Survival. Weeks merged into months, with winter reluctant to relinquish its claim on the frozen landscape. Only with the spring of 1838 establishing its supremacy would the Great Plains deign to discard their winter mantle.

New horizons in the west

EVENTUALLY, as the thaw transformed the terrain, it was time to move on. But with established travel schedules abandoned, traversing the expanse of North America was now on a different time-scale. It was HBC Chief Trader John Tod who took charge of a large brigade which included John McLeod and also his Garenin neighbour, whose name is now recorded as Angus McPhail. As spring yielded to summer, and summer to autumn, they continued to negotiate the regular route, making their way along the Saskatchewan River, then the North Saskatchewan in the direction of Fort Edmonton – a site close to present day Edmonton.

When the brigade set off from Fort Edmonton (which is also known at times as *Edmonton House*), the Chief Factor there, a John Rowand, was apprehensive about its composition as it had been joined by a number of other travellers and it was a rather larger group than was usual. On departing Fort Edmonton, six days of travel by horse-back took them the eighty miles to Fort Assiniboine; and from there they proceeded, by canoes, along the Athabasca River to Jasper House. Strategically situated on the Athabasca River, Jasper House operated for much of the nineteenth century as an important staging post for all who were prepared to undertake the daunting journey through the awesome Rocky Mountains.

After a brief respite, with the imperious peaks of the Rockies now towering above them into the clouds, the party continued their ascent, once again with horses, further up the Athabasca and along the Whirlpool River. The Athabasca Pass is high up in the Rockies, at an altitude of over 5700 feet, and there they struggled with the onset of an early winter snow. In spite of this, on 10 October, they crossed the highest point of their ascent of the Rockies. It is recorded that, at that notable landmark, at 3a.m., two French priests who were in the company celebrated mass. There was nothing remarkable about the presence of priests in the contingent as many groups undertook missionary endeavours in these parts in those days.

By 13 October, in spite of a succession of hurdles, the brigade had completed what was renowned as *'La Grande Traverse'*, the crossing between the watersheds of the two great river systems of the Athabasca and the Columbia. That same evening they arrived at Boat Encampment, at the top of the great hairpin bend of the Columbia River. Here, at the northern end of the Selkirk Mountains, the course of the river changes

siar nan Rockies; agus, mus do thuit an oidhche, ràinig iad a' chromag chas a th' air a' Cholumbia, aig ceann a tuath Bheanntan Shailcirc. Tha cùrsa na h-aibhne a' tionndadh ann an sin bho bhith a' sruthadh gu tuath gu bhith dol gu deas. Sin far an robh Boat Encampment, àite-cruinneachaidh cudromach dhan HBC bho thràth san 19mh linn.

Bha e àbhaisteach gu leòr gum biodh luchd-siubhail a' cur beagan ùine seachad aig Boat Encampment. 'S e a bh' ann ach àite far am biodh buidhnean a bh' air an t-slighe bhon iar agus bhon ear a' coinneachadh ri chèile agus gu tric bhiodh iad a' dèanamh beagan malairt an seo. Dh'fhaodadh iomadach rud, mar an aimsir, an dàrna feadhainn a chumail greis air ais agus cha robh maill de sheachdainnean, no eadhon de mhìosan, na annas mòr sam bith.

Bho chionn iomadach bliadhna a-nis tha an làrach seo falaichte fo uisgeachan Kinbasket Lake, air cùl Mica Dam. Chaidh an dam-dealain seo, tuath air Revelstoke ann am British Columbia, a chur a dhol ann an 1973. An-diugh, chan eil mòran ri fhaicinn a sheallas cho cudthromach agus a bha Boat Encampment anns an 19mh linn. Sgrìobh I.S. MacLabhrainn artaigil fon ainm *'Splendor sine occasu – Salvaging Boat Encampment'* ann an Canadian Literature/Litterature Canédienne, iris An Fhoghair/A' Gheamhraidh 2001, far an do thog e am beachd seo: *"Few know of this place today or realize its symbolic value. Canada could never have extended from sea to sea if a canoe route across northern North America had not been opened, and Boat Encampment marks the place on the Columbia River that could be reached by six days of portaging from the eastern slopes of the Rockies."*

Creach gun chobhair

BIDH E DUALTACH gun robh sgeul aig cuid den luchd-siubhail, tro bheul-aithris, gun robh uabhas air tachairt uaireigin air an ath earrann den abhainn. B' ann an sin a thàinig driod-fhortan, ann an 1817, air seachdnar de luchd-malairt. An uair a dh'fhalbh na garbh-shruthan leis a' bhàta agus leis na h-annlan aca, thog iad orra dhan cois, a' feuchainn ri faighinn gu coimhearsnachd sam bith far am faigheadh iad cobhair. Cha do thog ach aonar dhiubh ceann a-riamh; agus bha iomraidhean amharasach a' dol mun cuairt ach ciamar a chrìochnaich càch. Ri linn an tachairtais sin, b' e *Dalles des Morts* – Slighe nam Marbh – an t-ainm a thugadh air an t-slios seo.

Dhan turas seo, thàinig e am follais aig Boat Encampment nach robh ach dà bhàta ri làimh dhan bhriogàd. Thuig Iain Tod nach robh sin gu leòr airson an àireamh a bha còmhla ris agus cho-dhùin e dà bhuidheann a dhèanamh dhiubh. Dheigheadh 20 neach nach b' urrainn dhan dà shoitheach a thoirt leotha fhàgail air cùl. Dh'fhuireadh iadsan aig Boat Encampment agus thilleadh aon de na soithichean air ais air an son cho luath 's a ghabhadh. Am measg na dh'fhalbh an toiseach bha caraid Iain, Aonghas MacPhàil, agus cuideachd Iain Tod, am Prìomh Cheannaiche fhèin. Bha Iain anns a' bhuidheann a chaidh fhàgail.

Dhan turas seo, chaidh gu math leis an dà bhàta a dh'fhalbh an toiseach. Thairis air an 14mh, 15mh agus 16mh Dàmhair 's e deich uairean a thìde a thug aonan dhiubh a' dol tro na caolasan grànda cugallach a bha eadar iad agus Fort of the Lakes, aig ceann Upper Lake Arrow. B' e ùine mhath dha-rìribh a bha sin a rèir cho carach agus a dh'fhaodadh garbh-shruthan a' Cholumbia a bhith. Rinn Tod fhèin agus sianar eile le cabhaig air Fort

'Bhiodh an abhainn gu cumanta a' sruthadh aig astar mòr,
mu 15 mìle san uair.'
*'A succession of cascades, or 'rapids', with the river usually
running at around 15 miles an hour ...'*

Colvile leis na litrichean; agus ràinig iad air 19 Dàmhair. Cha robh a' chiad bhàta sin air a bhith buileach trom leis nach robh cus de luchd-siubhail no de charago innte. Bha ochdnar de sgiobadh oirre, le sianar dhiubh aig na ràimh. Bha pleadhag fhada aig gach fear den dithis eile, agus bha iad gan cleachdadh airson stiùireadh, an àite falmadair, le aon fhear aca aig toiseach a' bhàta agus am fear eile aig a claigeann-deiridh. Dh'òrdaich Tod gun deigheadh am bàta sin suas an abhainn air ais a dh'iarraidh na cuideachd a chaidh fhàgail aig Boat Encampment.

Bha nis an t-àm ann dha Iain agus a chompanaich an aghaidh fhèin a chur air an earrainn sgeòtalaich seo den Cholumbia agus iad ag amas air Lake Arrow a ruighinn. 'S e slighe air leth cunnartach a bha romhpa, mu 165 mìle dheth, le sreath de gharbh-easan; agus bhiodh an abhainn gu cumanta a' sruthadh aig astar mòr, mu 15 mìle san uair. Aig amannan, dh'fhaodadh an Columbia cromadh cho dian ri 40 troigh ann an dà mhìle; agus bhiodh i cho cumhang ri 150 slat ann an àiteachan. Fadhon mus do ghluais iad bho thìr, cha robh an luchd-siubhail buileach saoirsinneil agus iad mothachail gum biodh cuideam mòr air a' bhàta, eadar iad fhèin agus an carago. Cha do chuir Tod ach sianar de chriutha air ais; ach bha sin fhèin a' ciallachadh gun robh a-nis 26 duine air bòrd; agus bha 22 pasgan trom nan cois. Ach cho-dhùin an stiùireadair a bh' air an ceann – Frangach-Canèidianach, fear André Chaulifoux – feuchainn sìos an abhainn.

Aig ceann shuas a' gharbh-easa, dh'fhàs cùisean buaireasach. B' eudar dhan luchd-siubhail a dhol air tìr, agus cuid den charago cuideachd. A dh'aindeoin sin, dh'fhalbh an sruth leis a' bhàta. Bhuail i creag, agus thaom am burn a-steach air a beul. Ach fhuair iad air a tarraing chun na bruaich a-rithist; agus thraogh iad i. Bha na pasgain bèin a-nis air am bogadh agus bha iad na bu truime buileach; ach, iomagaineach agus mar a bha cuid dhen luchd-siubhail, chaidh iad uile air bòrd a-rithist.

An uair a ràinig iad ceann shìos an easa, bha e aithnichte gun robh Chaulifoux air na cuairt-shruthan a bhreithneachadh gu math ceàrr. Is ann a bha iad a' spùtadh a-mach, chan ann a' lìonadh, mar a bha esan an dùil a bhiodh iad. Dhòirt an tuilteach a-steach air beul-mòr a' bhàta. Bha cùisean a-nis cugallach dha-rìribh. Am measg na bh' air bòrd bha luibh-eòlaiche Sasannach, fear Raibeart Ualas, a bh' air ùr-phòsadh. A dh'aindeoin sgal de rabhadh bhon sgiobair gun duine carachadh, dh'èirich esan na sheasamh. Sgioblaich e a bhean na ghàirdeanan agus leum e a-mach leatha, ag amas air sàbhailteachd na bruaich. Cha do rinn iad càil dheth. Shluig suailichean an t-srutha iad.

Ach chuir an gluasad aca an suidheachadh bagarrach buileach bun os cionn. Thug am bàta gu tulgadh is siaradh. Ann an tiotan, chuir i car dhith. Chaidh gach mac màthar a chairteadh dhan gharbh-eas, agus mòran dhan charago còmhla riutha.

Bha gach sgamhan a-nis a' strì airson a bheatha. Duine a b' urrainn snàmh, chuir e aghaidh air an tuilteach ghoilteach, ag amas air bruaich na h-aibhne. Cha dhèanadh Iain 'Ain 'ic Iain snàmh ann. Leis a' chrìoch ga choimhead an clàr an aodainn, fhuair e air greimeachadh ri ràmh a bha ceangailte ris a' bhàta. A chuid agus a chuid, shlaod e e fhèin suas air slige a' bhàta, a bh' air a beul fòidhpe. Cò eile bha an sin ach Chaulifoux. Fad grunn mhìltean, chùm iad an grèim. Mu dheireadh, ghrunnaich iad san aodomhainn ann an Lake Arrow. Sin far an do sheall iad dè am fuaim a bha iad air a bhith a' cluinntinn gu h-ìosal, fon bhàta. Dè bh' ann ach an naoidhean òg aig Chaulifoux agus i air a dinneadh an lùib a' charago. Tha cuid a' cumail a-mach gun deach a glacadh ann am pòcaid de

radically to flow henceforth in a generally southerly direction. This was an important rendezvous and staging post for HBC since the early nineteenth century. It was not altogether unusual for travellers to spend time at Boat Encampment as it was recognized as a location where east-bound brigades from the Pacific could meet up with west-bound brigades coming from the prairies for an exchange of goods; and fluctuations in conditions and logistics could cause delays, sometimes lasting weeks or even months. Its site today lies beneath Kinbasket Lake, behind Mica Dam.

This hydroelectric dam, north of Revelstoke, British Columbia, became operational in 1973; but, today, there is very little to indicate the role that the site once played in a bygone era. In an article titled *'Splendor sine occasu – Salvaging Boat Encampment'* in the 2001 Autumn/Winter issue of Canadian Literature/Litterature Canédienne, published by the University of British Columbia, I.S Maclaren stated: *'Scuba gear and wet suit are required apparel if your search is for Boat Encampment. For well over one thousand kilometres, you travel in the Columbia valley with little sign of early nineteenth-century history.'*

Running the rapids on the Columbia

THERE IS a strong probability that there was some measure of awareness among the travellers, through word of mouth from other sojourners, that the name of Boat Encampment was associated with a tragedy which had happened downstream in 1817. Having departed from here, a group of seven fur-traders had fallen victim to the rapids and lost their means of transport and their supplies. Only one person had survived the attempt to trek to the next establishment; and sinister tales had always circulated regarding how the rest had met their end. Consequently, this most challenging stretch of the route was known as the Dalles des Morts (*'the Rapids of the Dead'*), a chilling name that reflected the tragic events of a couple of decades earlier.

On this occasion, it transpired at Boat Encampment that only two vessels were available for the brigade's use. Realising that this was insufficient for the size of the group, Tod decided to proceed forthwith with the two boats at their disposal and to leave twenty people behind at Boat Encampment. One of the boats would then return for this group as soon as possible. Among those who set off in the first party were John's friend, Angus McPhail, and also Chief Trader Tod himself. John was among the twenty who were left behind.

Both departed vessels completed the next stage of the journey without mishap. Indeed one of them successfully negotiated the hazardous stretch of waterway in what was considered an impressive total of 10 hours, over the 14th, 15th and 16th. This boat was fairly light on account of its carrying comparatively few travellers; and it was not unduly weighed down with baggage. It had a full crew of eight, of whom six were deployed as oarsmen, whilst one manned the stern and another the prow. These two key members of the crew worked in co-operation, using long paddles which acted as rudders. As soon as they arrived at Upper Lake Arrow, Tod and six others rushed ahead with the mail to Fort Colvile, where they arrived on 19 October. The boat, with a crew of six, was sent back upstream for the remaining travellers.

For John and his companions, the potentially perilous part of the Columbia still lay

dh'àidhear agus gun do shàbhail sin i, mar mhìorbhail beag am meadhan call mòr. Ach tha cunntasan earbsach ag aithris gun do chaill dithis de chlann Chaulifoux am beatha an latha ud, ged a thàrr e fhèin às, agus a bhean, agus dà leanabh eile a bha na bu shine.

Thug na tùsanaich a bha a' fuireach ris an abhainn na truaghain a shlaod iad fhèin às na h-uisgeachan a-steach dha na campaichean aca agus thug iad aoigheachd dhaibh. Ach 's e creach gun chobhair a bh' air tachairt. An uair a chaidh na mairbh àireamh, thàinig e am follais gun robh uisgeachan a' Cholumbia air falbh le dusan duine. Cha deach ach trì de na cuirp a lorg a-riamh, cuirp chlainne. B' e seo an àireamh bu mhotha a chaill am beatha ann an aon tubaist air an t-slios seo a-riamh. Bha na Dalles des Morts fhathast a h-uile buille cho iargalta ri an ainm.

Fort Bhancùbhair mu dheireadh thall

AON UAIR agus gun d'fhuair am buidheann a thug am beatha às a' chreach beagan os cionn an àmhghair, fhuair iad am bàta air ais, chàirich iad i, agus chuir iad an aghaidh air an t-slighe a-rithist. Ach, còmhla ris gach èiginn, bha iad a-nis gann de bhiadh agus mòran dheth air a chall anns an tubaist. Dh'fheumadh iad annlan a dhèanamh air a' bheagan a bh' air fhàgail; agus le tàbharadh an acrais a' maoidheadh orra, dh'fheumadh iad feuchainn ri astar math a dhèanamh. Mar sin, b' ann le ceum agus cridhe trom a ràinig iad, air 6 Samhain, an ath stad, Fort Colvile. Bha sin beagan mhìltean an iar air far a bheil baile Colville, Stàit Washington, an-diugh.

Às an sin, 's e Fort Okanogan an ath stad a bh' aca. Ged is e àite cudromach a bh' ann uaireigin, chan eil sgeul air an-diugh oir chaidh Wells Dam a thogail air an dearbh làrach ann an 1967.

Bha an ath stad aca, Fort Nez Perces, na àite cliùiteach, gu h-àraidh airson malairt a' bhèin agus mar ionad cudromach dhan fheadhainn a bhiodh a' sealg nam bìobhair. B' e seo cuideachd an stad mu dheireadh dhan chòmhlan chlaoidhte. Is fhada bho chaidh an t-ainm aig a' bhaile seo atharrachadh gu Walla Walla, ged a bha am baile uaireigin beagan astar an iar air far a bheil e an-diugh. Tha facal ann am beul-aithris an àite mun ainm: *'The city so nice, they named it twice.'* Nam biodh duine air a ràdh ri Iain agus a chompanaich gum b' e siud, *'Baile cho bòidheach agus nach bu leòr ach dà ainm',* chan eil fhios dè am beachd a bhiodh aca.

Ach bha iad a' teannadh ri an ceann-uidhe. Faisg air deireadh na Samhna 1838 thug am briogàd a dh'fhàg York Factory as t-fhoghar 1837 ceum fann acrach mu dheireadh thall a-steach air geatachan Fort Bhancùbhair. B' ann an seo, ann am Fort Bhancùbhair, a bha na h-àrd-oifisean aig HBC air taobh siar Ameireaga an toiseach. Suidhichte air taobh tuath a' Cholumbia, 's e a chanar ris an-diugh ach Bhancùbhair, Stàit Washington. Chaidh a' chiad tuineachadh Eòrpach a chur air bhonn an seo ann an 1824 an uair a shònraich HBC e mar ionad far am biodh malairt a' bhèin air a stèidheachadh. An uair a chaidh aontachadh gum biodh a' chrìoch eadar Canada agus na Stàitean Aonaichte aig an loidhne 49°, ghluais HBC na h-àrd-oifisean aca gu Bhictoria, ann an Eilean Bhancùbhair.

Ma bheachdaich Iain mus do dhùin e a shùilean an oidhche ud air na thachair bhon latha a chuir e a chùl ris Na Geàrrannan, cha bhiodh dìth obair-inntinn air; ach bidh e dualtach gur e na bha air thoiseach air a bu mhotha a bhiodh air aire.

ahead. Between them and the next base at Lake Arrow, there now lay a distance of some 165 miles, including a succession of cascades, or 'rapids', with the river usually running at around 15 miles an hour. On some parts of the Columbia, the river could descend as much as forty feet in less than two miles, whilst the width of the channel could narrow to around 150 yards. With 22 items of cargo – weighing around 90 pounds apiece – and 26 travellers, they were clearly overloaded; and there was already an element of unease among the waiting passengers before the boat pushed off from Boat Encampment. But the decision to continue the descent of the Columbia was taken by the pilot, one André Chaulifoux, a French Canadian steersman.

At the upper run of the rapids, things became fraught. Part of the cargo, and indeed the passengers also, had to be put ashore. Despite a valiant struggle to control the situation, the current wrenched the boat away. It struck a rock and began to fill with water. After further frantic efforts they succeeded in getting it to shore again; and it was drained. By this time it was even heavier as the packages of furs in the cargo were now saturated. Although many were by now decidedly agitated, the whole group got aboard again.

At the lower end of the run it became clear that Chaulifoux had seriously misjudged the situation with the whirlpools. Crucially, they were throwing out; not filling, as he had reckoned. The torrent surged over the gunwales. As an ominous situation became grim, a newly-wed young man by the name of Robert Wallace, an English botanist, stood up. In spite of an anguished shout from the steersman for all to remain still, he swept his wife into his arms and, together, they jumped, aiming for the safety of the river bank. They didn't make it; and the raging waters quickly overwhelmed them.

But their movement had seriously aggravated the precarious situation in the boat. With its balance now convulsed, the vessel lurched wildly out of control, then promptly capsized. Powerless passengers found themselves summarily catapulted into the tempestuous torrents, along with much of the cargo.

In the ensuing struggle for life, those who could swim pitted their skills and their strength against the swirling current in an attempt to reach the river bank. Unable to swim, John McLeod scrambled to grab hold of an oar that was still attached to the vessel. After struggling for some time, he managed to clamber on to the upturned hull. Along with him there was Chaulifoux. They clung on and, for several miles, they drifted, finally grounding in the shallows of Lake Arrow. It was then that they were able to investigate sounds that had been audible from underneath them. Jammed amongst some of the attached luggage they discovered Chaulifoux's infant daughter. Some sources seem to suggest that the little one survived in a pocket of air in the upturned vessel, a tiny miracle amidst disaster. Reliable sources, however, indicate that, of five children who lost their lives in the tragedy, two belonged to the Chaulifoux family. Besides Chaulifoux, his wife and two older children survived.

People from the indigenous settlements close to the river now helped to gather bedraggled and bewildered survivors from along the river bank into their camps where they gave them hospitality. But the calamity had taken its toll, with many succumbing to the icy waters. When the fatalities were finalized it became evident that a total of twelve had perished. This was the greatest number of lives lost in any single incident in these

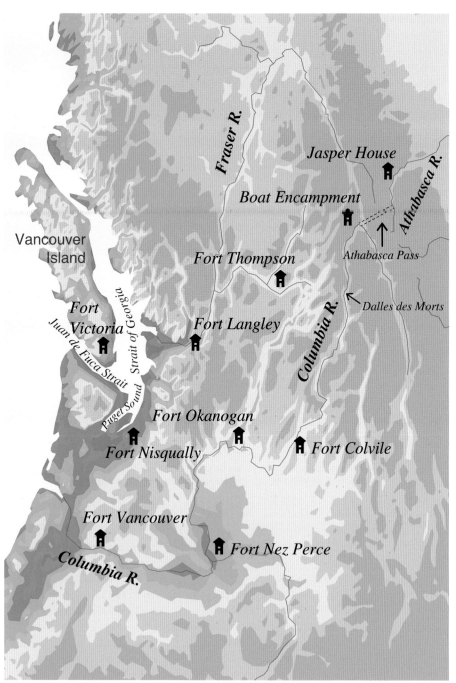

Stèiseanan HBC ann an sgìre Cholumbia de Dhùthaich Oregon
HBC Forts in the Columbia River area of the Oregon Country

treacherous waters; and, of those who lost their lives, only three bodies, children, were ever recovered. The notorious Dalles des Morts had lived up to their macabre name.

Fort Vancouver at last

WHEN the diminished and dejected brigade had made a modest measure of recovery, they reclaimed and repaired their vessel and then continued their journey. The remainder of travel along the Columbia went without further grievous mishap although, along with every other tribulation, they now had to cope with the fact that most of their provisions had also been swallowed by the swirling waters of the rapids. The little that remained now had to be rationed. With the spectre of starvation hovering on their horizon, maintaining steady speed became a major concern; and 6 November saw them checking wearily into the next scheduled staging post, Fort Colvile. Its location was a few miles west of the modern Colville, in Washington State.

The next stop on their route was Fort Okanogan. The site of this once-important fort can no longer be viewed as it was flooded by a reservoir when the Wells Dam was constructed in 1967.

From there, their journey took them to another strategic HBC trading post, Fort Nez Perces. This was a significant fur trading-post and a base for beaver-hunting expeditions. It was also the last staging post for the travel-weary brigade. Its name has long been changed to Walla Walla but the original settlement was situated some distance west of the location of the present Walla Walla. A local saying claims it is *'The city so nice, they named it twice.'* Whether John and his fellow-travellers would have endorsed this sentiment as they passed through is debatable!

So it was that in late November 1838, having departed York Factory in the autumn of the previous year, John McLeod was one of the brigade who eventually straggled, exhausted and hungry, through the gates of its destination, Fort Vancouver. Originally the headquarters of the Hudson's Bay Company on the west coast of America, Fort Vancouver was situated on the northern side of the mouth of the Columbia River. The first permanent European settlement on the site dates to 1824 when the HBC established it as a fur trading post. Today it is known as Vancouver, Washington State. It was when it became clear that the Canada-USA border was to be settled at the 49th parallel that the HBC office was transferred to Victoria, in Vancouver Island.

One can but surmise what John's thoughts may have been that November night if he paused to ponder all that had taken place since he had first encountered the HBC representatives in Stornoway in the wake of that fateful day at the still at Garenin.

4. SAOTHAIR AGUS SAOGHAL ÙR

BHA IAIN 'AIN 'IC IAIN a-nis aig toiseach caibideil ùr na eachdraidh. Aig Fort Bhancùbhair thuig e gur e a dhol gu muir a bha roimhe. Bhiodh sin air bòrd an *SS Beaver* a bha ag obair a-mach à Caolas Phuget, soitheach air an robh fear Uilleam MacNèill na sgiobair. Tha Caolas Phuget a' fosgladh a-mach dhan Chuan Shèimh tro Chaolas Juan de Fuca. Tha e cuideachd a' fosgladh gu Caolas Georgia; agus às an sin tha an t-slighe-mhara a' sìneadh suas taobh an ear Eilean Bhancùbhair agus air adhart gu Camas Alaska.

Chaidh an *SS Beaver* a thogail air Abhainn Tuaidh ann an 1835. Bha 101 troigh de dh'fhad innte, bha i 20 troigh air a tarsainn, agus bha 11 troigh de dhoimhneachd san toll aice. 'S ann a-mach à Fort Nisqually, aig ceann a deas Caolas Phuget, a bha i ag obair; agus bhiodh i a' ruith air na h-ionadan-malairt eile a bh' aig HBC na b' fhaide gu tuath air taobh siar Ameireaga le biadh agus bathar. Aig muir, loisgeadh i 40 còrd de dh'fhiodh san latha. Anns a' chumantas, tha luchd fiodha mu 8x4x4 troighean ann an còrd; agus le sin bha einnsean a' *Bheaver* gu math acrach! Mar sin, a-mach à sgioba de mu 30, bhiodh co-dhiù deichnear aca an sàs a' gearradh fiodh. Sin a-nis an obair ris an deach Iain. Bhiodh e fo stiùir an innleadair, fear Peadar Artair. Tha e air a ràdh gun tàinig an dithis aca glè mhath air a chèile, oir tha cunntas air Artair mar fhear a bha *'na innleadair comasach agus dleastanach'* ach cuideachd *'dualtach a bhith mì-stuama'*!

Biodh sin mar a bhitheas, cha d'fhuair Iain cus tide airson anail a tharraing. Bha cabhag air an Sgiobair MacNèill agus dàil air a dhol air cùisean leis cho fada agus a bha am briogàd gun ruighinn; agus meadhan na Dùbhlachd 1838 sheòl am Beaver agus Iain mar bhall den sgioba aice. Dh'fheumadh e a-nis eòlas fhaighinn air stèiseanan agus cleachdaidhean an HBC. Feumas gun robh piseach math air a thighinn air a chomasan cànain oir tha e air a shloinneadh mar *'middleman'* aig Fort Simpson, dreuchd a dh'iarradh tomhas math de fhileantachd ann am Beurla.

Tha Fort Simpson air costa a' Chuain Shèimh, faisg air ceann a deas Alaska, sgìre a bha uaireigin air ainmeachadh mar Ameireaga Ruiseanach. Bha beagan de cheanglaichean aig an àite ris an eilean às an do dh'fhalbh Iain 'Ain 'ic Iain. 'S e *Fort of the Forks* an t-ainm a bh' air an toiseach ach dh'ainmich HBC an t-àite an dèidh Sir Seòras Simpson a bha air leth soirbheachail mar cheannard air HBC anns an Talamh Fhuar eadar 1820 agus 1860.

Rugadh esan ann an Inbhir Pheofharain mu 1787. Bha e dìolain agus chan eil fhios cò bu mhàthair dha; ach bha inbhe urramach aig athair mar *'Writer to the Signet'*. 'S e neach-lagha a tha *'writer'* a' ciallachadh; agus bha *'Writer to the Signet'* a' sònrachadh neach-lagha aig an robh cead an fhàinne-seulachaidh, no an *signead*, a chleachdadh. B' e sin seula prìobhaideach rìghrean na h-Alba. Ghabh am fear-lagha cùram an leinibh agus thog a chuideachd am balach. B' e Iseabail NicChoinnich an t-ainm a bh' air seanmhair Sheòrais mus do phòs i. Bha ise faisg an càirdeas dha na Sìophartaich leis an robh Eilean Leòdhais eadar 1610 agus 1844.

A rèir facal beòil, bha co-dhiù aon duine deug de ghineal aig Sir Seòras ach cha robh le a bhean dhlighich ach aonan dhiubh sin. An-diugh, tha daoine luath gu coire

4. NEW WORLD, NEW WORK

MEANTIME, another new chapter in the life of Iain 'Ain 'ic Iain was about to begin. At Fort Vancouver, John learned that he was now to embark on a period of marine service on the *SS Beaver*. Skippered by William McNeill, the *Beaver* was the first steamer to operate in Puget Sound, the complex estuarine system which opens out to the Pacific via the Strait of Juan de Fuca. It also opens out to the Georgian Strait, and thence along the eastern coast of Vancouver Island to the Pacific and on to the Gulf of Alaska.

Built on the Thames in 1835, the *Beaver* was 101 feet long, 20 feet in the beam, and its hold was 11 feet deep. Operating out of Fort Nisqually, at the southern end of Puget Sound, the *Beaver* exported foodstuffs and provisions to other HBC trading posts further north along the western coast of North America. On this route, she regularly burned some 40 cords of wood a day. Bearing in mind that a '*cord*' commonly consists of a woodpile measuring around 8ft x 4ft x 4ft, the *Beaver's* engine may be deemed to have had a wholesome appetite! As a consequence, of her average crew of thirty, at least ten were wood choppers. John now became one of the *Beaver's* wood-chopping team, working under the supervision of engineer Peter Arthur. It has been suggested that John may have found a kindred spirit in the engineer as Arthur has been described as '*well-qualified and attentive to his duty'* but also given to '*very intemperate habits'*!

SS Beaver Model & Photo by f.rozee@telus.net

Dealbh de mhodail den bhàta 'Beaver' air a chàradh air dealbh de bheul Abhainn Fhriseal, B.C., Canada. Chaidh am modail a thogail le Frank Rozee, B.C., Canada.
A photograph of a model of the 'Beaver' superimposed on a photo of the mouth of the Fraser River, B.C., Canada. The model was built by Frank Rozee, B.C., Canada.

fhaighinn do mhoraltachd dhaoine a th' ann an àrd-dhreuchdan poblach; ach anns an latha bha siud, is dòcha gu bheil fiosrachadh den t-seòrsa seo dìreach na sgàthan air a' bheatha a bh' aig na fir a bha a' rannsachadh cheàrnaidhean far nach robh Eòrpaich air a bhith a-riamh roimhe. Cha robh iad a' dèanamh mòran aig dachaigh shuidhichte ann; gu dearbh, is ann a bha iad gu minig a' tighinn beò mar thaistealaich.

Bha ceangal eile aig an fhear a chaidh Fort Simpson ainmeachadh às a dhèidh ri Leòdhas. B' e sin gun robh athair Sheòrais Simpson na cho-ogha dha Sir Alasdair MacChoinnich. Rugadh esan ann an Steòrnabhagh ann an 1764; agus b' ann mar urram dhàsan a chaidh am *Mackenzie River* ann an Canada ainmeachadh.

Is iongantach gun robh sgeul sam bith aig Iain 'Ain 'ic Iain air gin de na ceanglaichean seo an uair a thadhail esan anns na sgìrean ud; ach, mar an fheadhainn sin roimhe, dh'fhàgadh esan cuideachd a làrach fhèin air an t-saoghal ùr dhan tug freastal e.

Chuir Iain mòran dhen chiad gheamhradh ud seachad ann am Fort Simpson còmhla ris a' *Bheaver*; agus, rè mu dhà bhliadhna, dh'fhàs e eòlach air a bhith a' siubhal eadar Fort Simpson aig tuath agus am port àbhaisteach aice aig deas, Fort Nisqually, air Sequalitchew Creek, ann an Caolas Phuget.

Fort Nisqually

IS ANN ann an 1833 a chaidh tòiseachadh a' togail Fort Nisqually le sùil e bhith na ionad seasmhach aig HBC. Chan ann gu lèir airson gun robh e na acarsaid math, agus gun robh e goireasach airson siubhal, a chaidh an làrach a thaghadh, ach cuideachd airson gun robh na treubhan tùsanach a bha a' fuireach mun cuairt gu math càirdeil. Còmhla ri sin, bha ionaltradh math faisg air làimh; rud a bha fàbharach airson feurach bheathaichean agus gealltanach airson àiteachais. Seo an sgìre anns an robh Iain 'Ain 'ic Iain a' dol a chur mòran de a bheatha seachad. An-diugh, tha baile mòr DuPont (ann am Pierce County, Washington) air an làrach air an robh Fort Nisqually uaireigin.

Mu àm an earraich 1841, nochd trioblaid le goileadairean mòra a' *Bheaver*. Dh'fhàg sin i na tàmh aig Fort Nisqually gus an deigheadh an càradh. Bheireadh sin ùine; agus cha robh an Caiptean MacNèill idir airson gum biodh Iain agus a chòrr den sgioba dìomhain. Chuir e a dhol iad a' tògail stòr air an tràigh airson feumalachd a' bhàta. Aig meud 30x60 troigh, 's e pròiseact mòr a bha seo. A thuilleadh air a bhith an sàs san obair-togail seo, bhiodh Iain a' siubhal le litrichean gu Fort Bhancùbhair; agus bhiodh e cuideachd a' losgadh fiodh air raointean Nisqually. 'S ann airson gual-fhiodha a chruthachadh a bha seo, connadh dhan *Bheaver* san àm ri teachd. Bha deagh sheasamh aig Iain a-nis ann an seirbheis HBC agus dh'aontaich e ri cùmhnant eile leotha. Ruitheadh sin bhon earrach 1842 gu 1847.

Anns an Iuchar 1844, agus e air greis mhath a chur seachad ag obair air tìr ri linn mar a bha cùisean leis a' *Bheaver*, chaidh Iain a chur ri obair làn-ùine air tìr. Bha HBC air fo-chompanaidh a chruthachadh a bha an sàs ann an àiteachas. Bha an companaidh seo a' malairt fon ainm *Puget Sound Agricultural Company* (PSAC). Tha beachd ann gur dòcha gur ann air sgàth poileataics cho mòr ri eaconomaidh a chaidh PSAC a chur air bhonn, le cuid a' cumail a-mach nan leudaicheadh iad gnìomhachas an àiteachais gun neartaicheadh sin an còir a bha Breatainn a' dleasadh air fearann torrach Oregon.

Bha sgìre mhòr aig PSAC ga obrachadh: mu 150,000 acair eadar na h-Aibhnichean

But the late arrival of the brigade had delayed Captain McNeill's sailing schedule and so, with little opportunity to relax, mid-December 1838 saw the *Beaver* getting underway, with John enlisted as a crew member. He now had to familiarize himself quickly with HBC's establishments and practices. It is evident that his linguistic skills were progressing well as he is described as a '*middleman*' at Fort Simpson, a position which would require a measure of fluency in English. Fort Simpson, on the Pacific coast, not far from the southern tip of today's Alaska, was in the region that was formerly known as Russian America.

Fort Simpson had a tenuous connection with John's home island. Originally called Fort of the Forks, the HBC named their settlement there after Sir George Simpson, who was highly successful as the Canadian governor of HBC between 1820 and 1860. He was born in Dingwall around 1787, out of wedlock. The identity of his mother is unknown; but his father held the prestigious office of '*Writer to the Signet*'. A '*writer*' was a solicitor; and Writers to the Signet specified those who were entitled to oversee the use of the Signet, the private seal of Scottish Kings. Young George was raised by members of his father's family and George's paternal grandmother's maiden name was Isobel Mackenzie. She was closely related to the Seaforths who owned the Island of Lewis between 1610 and 1844.

It is said that Sir George fathered at least eleven children with seven women, and that only one of his offspring belonged to his married wife. Perhaps modern society tends to be judgmental of the lifestyle of people who have a prominent public profile; but, in a pioneering age, such records may simply reflect the fact that the manner of these men's lives was such that they often had little by way of a settled home life. Indeed, their existence frequently verged on the nomadic.

Compounding the association of Fort Simpson with Lewis was the fact that George Simpson's father was a first cousin of Sir Alexander Mackenzie; and the Mackenzie River in Canada was named in honour of this intrepid explorer who was born in Stornoway in 1764.

Whether John McLeod was aware of these connections with his homeland as he embarked on a sea-faring career in these parts is very doubtful. But there is no doubting that, in his own way, he was carving out his niche in history in his new surroundings.

John spent much of that first winter at Fort Simpson with the *Beaver*. In the course of the next two years he became familiar with its regular runs between that northern outpost and its southern port of call on Puget Sound – Fort Nisqually, on Sequalitchew Creek.

Fort Nisqually

THE CONSTRUCTION of Fort Nisqually as a permanent fort had begun in 1833. The site was chosen not only on account of its excellent ship anchorage and its comparative convenience for overland travel, but also for the fact that the local tribes were friendly. Besides that, the proximity of fertile grasslands promised good grazing for stock and opened up possibilities for agriculture. This area was to figure largely in John's future. Today, the city of DuPont, Pierce County, Washington occupies the site that was once known as Fort Nisqually.

© Christine Davidson

Fort Nisqually, aig ceann a deas Chaolas Phuget.
Fort Nisqually, at the southern end of Puget Sound.

Puyallup agus Nisqually. Is ann ann am Fort Nisqually a bha prìomh-oifisean PSAC agus bha a' chuid mhòr dhen obair aca stèidhichte aig Tuathanas Cowlitz agus Fort Nisqually. Bha Tuathanas Cowlitz faisg air far a bheil Toledo (ann an siorrachd Lewis) an-diugh. Bha iad an sàs ann an crodh, caoraich, agus gràn. Bha Iain mar phàirt den sgioba mhòr a dh'iarradh pròiseact den t-seòrsa; agus is ann gu h-àraidh ri cìobaireachd agus buachailleachd a bhiodh e. Chan eil teagamh nach biodh eòlas na h-òige air a' chroit anns Na Geàrrannan gu math feumail dha a-nis! 'S e Albannach eile, fear Uilleam Tolmie a bhuineadh do Inbhirnis bho thus, am manaidsear ùr a bh' air.

Bha Iain a-nis fileanta ann an Chinook Jargon cho math ri Beurla. Anns an 19[mh] linn, sgaoil Chinook Jargon mar chànan malairt tro earrainn mhòir dhen iar-thuath suas iomall a' Chuain Shèimh – a' gabhail a-steach Oregon, Washington, British Columbia, Alaska agus Fearann Yukon. 'S e amannan trang a bha seo do luchd-obrach PSAC agus iad a' strì ri prìomh-oifisean a' chompanaidh a ghluasad. Bha an seann dhaingneach ann an Nisqually ga thoirt às a chèile pìos bho phìos agus ga ghluasad mu mhìle na b' fhaide a-steach bhon chladach. Bha Iain gu mòr an lùib na h-obrach seo; ach bha a dhachaigh fhathast aig an t-seann dhaingneach ann an Nisqually.

By the spring of 1841, problems were looming with the Beaver's large boilers. Consequently, the vessel was stationed at Fort Nisqually until repairs could be undertaken. This was a time-consuming procedure; but during this long spell, Captain McNeill did not allow John and his crew-mates to sit in idleness. He promptly set them to work erecting a storehouse, for the vessel's use, on the beach front. Measuring 30ft x 60ft, it was a substantial undertaking. Besides working on this construction project, John was involved in taking mail to Fort Vancouver and also in wood-burning on the plains of Nisqually. This latter activity was in order to make charcoal to fuel forthcoming voyages. Now apparently well-established as an HBC employee, John agreed to a further contract with the company. This extended his service with them from the spring of 1842 through to 1847.

In July 1844, having already worked largely onshore due to circumstances concerning the Beaver, John was assigned to full-time onshore tasks. HBC had by this time created a satellite company, a very active agricultural concern which traded as the Puget Sound Agricultural Company (PSAC). Its foundation may have had political, as well as economic, motivation since extending their area of agricultural activities could be perceived to strengthen the British claim to land in the Oregon Country.

PSAC's area of operation was vast: around 150,000 acres between the Puyallup and Nisqually Rivers. Their main activities were centred at Cowlitz Farm and Fort Nisqually. Cowlitz Farm was near present day Toledo in Lewis County. Fort Nisqually served as PSAC headquarters. The farming project dealt mainly in cattle, sheep and grain. As part of the large workforce required for such an enterprise, John would now function as a general labourer, field-hand and shepherd. In his land-based role, the practical skills acquired in his young crofting days in Garenin no doubt now came to stand him in good stead! His new manager was another Scotsman, Dr William Tolmie, originally from Inverness.

By now, it is apparent that John was orally competent in Chinook Jargon as well as in English. Chinook Jargon (sometimes called *'Chinuk Wawa'*) was the language which, in the 19th century, spread as a trading medium through wide swathes of the Pacific Northwest, including modern day Oregon, Washington, British Columbia, Alaska and the Yukon Territory.

For PSAC employees, this was a time of strenuous work as they were in the throes of relocating the company's operational headquarters. The old fort at Nisqually was being systematically dismantled and transported to a new site about a mile inland, a process in which John was heavily involved. In the meantime, his base continued to be at the old location at Nisqually.

A new dimension to life

THE LOCAL population of the region that was John's new homeland consisted mainly of the Nisqually and Puyallup tribes; and HBC employees usually mingled harmoniously with them. Thus it is perhaps not surprising that another element now enters John's story: romance. And if John had lived through some remarkable circumstances, so had the young lady who caught his attention: Claquadote Mary Schanawah.

Born in 1827, Claquadote Mary was the youngest daughter of an influential

Sùil ri suirghe

B' IAD na treubhan Nisqually agus Puyallup bu mhotha a bha san sgìre san robh saoghal ùr Iain; agus bha càirdeas math aig luchd-obrach HBC ga chumail riutha. Mar sin is dòcha nach eil e na iongnadh gu bheil eileamaid eile a-nis a' nochdadh ann an eachdraidh Iain: suirghe. Agus ma bha eachdraidh Iain annasach, bha sin cuideachd fìor mun tè air an do laigh a shùil: Claquadote Màiri Schanawah.

Rugadh ise mar an nighean a b' òige aig *Tyee* cumhachdach den treubh Cowlitz. Am measg nan treubhan Innseanach, bha an inbhe a bh' aig 'Tyee' beagan coltach ris an inbhe a bh' aig ceann-cinnidh Gàidhealach uaireigin, agus bha urram aig an t-sluagh dha. Mar sin, bhuineadh a' chaileag seo do dh'uaislean a daoine fhèin. Gheibhear diofar litreachadh air an ainm aice ach 's e 'Claquadote' mar as trice a tha a sliochd fhèin a' ròghnachadh. Airson faighinn a-mach mar a thàinig 'Màiri' oirre cuideachd, feumar coimhead ri làithean a h-òige

Rugadh a h-athair, Clapat Schanawah, mu 1775. Mus do phòs e màthair Claquadote Màiri bha mnathan eile air a bhith aig Clapat agus bhuineadh iad do chaochladh cheàrnaidhean den sgìre. B' e cleachdadh a bha sin nach robh idir annasach do shamhail Clapat oir bheireadh na ceanglaichean sin sochairean agus càirdeas dha an lùib treubhan eadar-dhealaichte. B' e Haidawah an t-ainm a bh' air màthair Claquadote Màiri. Bha dlùth cheangal teaghlaich aice ris na Nisqually agus bha i mu 15 bliadhna na b' òige na Clapat. Ri linn nam pòsaidhean eile a bh' aig a h-athair, bha leth-pheathraichean agus leth-bhràithrean aig Claquadote; ach b' ise an aon leanabh a bh' aig Clapat agus Haidawah. Chaill Clapat a bheatha air 15 Cèitean 1828 aig Fort Langley, mu 30 mìle bho bheul Abhainn an Fhrisealaich. Bha seo agus iad a' feuchainn ri ruaig a chur air nàbannan Snohomish a bh' air ionnsaigh a thoirt orra. Aig an àm, bha an nighean aig Clapat agus Haidawah na pàiste gu math beag. Anns an ionnsaigh, ghlac na naimhdean i; agus thug iad leotha i. Le strì, fhuaireadh air ais i; ach ghabh HBC rithe mar leanabh-altraim. Is ann an uair sin a thugadh 'Màiri' oirre; agus lean an t-ainm rithe.

An uair a bha Màiri fhathast gu math òg, thachair tubaist dhi. Thuit i bho each agus chaidh a dochann na gualainn agus ann an aon ghàirdean; ach tha e coltach gun robh Màiri bòidheach agus gnothachail. A dh'aindeoin a dochann, dhèanadh i obair-làimh ghrinn; agus a thuilleadh air an sin, tha e air a ràdh gun robh eòlas aice air leigheasachd thraidiseanta nan Innseanach.

B' e an ceangal a bh' aca le chèile ris a' *Bheaver* am freastal a thug Iain agus Màiri còmhla. Bha fear Iòsaph Carless air a dhol an àite Phàdraig Artair mar innleadair; agus mun t-samhradh 1843 b' ann air a chùram fhèin agus a bhean, Marie, a bha Màiri òg. Chan eil e soilleir an ann mar shearbhant no mar bhan-dalta a bha i san dachaigh. An rud a tha soilleir, 's e gun robh an càirdeas eadar an deugaire agus Iain 'Ain 'ic Iain a' blàthachadh.

Ach bha e caran toinnte adhartas a thoirt air a' chàirdeas; agus b' e Uilleam Tolmie, manaidsear an tuathanachais, a chuidich Iain. Theagaisg esan dha mu chultar nan daoine a bha e a' dol nan lùib. Chante na *Coast Salish* ri mòran de threubhan tùsanach na sgìre, ach bha an dòighean agus an cànan fhèin aig a' mhòr-chuid aca. Is dòcha nach eil e na iongnadh gun d'fhuair Iain misneachd gu bhith a' leannanachd le Màiri. Seo mar a sgrìobh Dùbhglas Deur, bho Oilthigh Washington, air a' chuspair 'An Ethnohistorical

Cowlitz Tyee. '*Tyee*' may be translated as 'chief' or, more accurately, as 'headman'. Accordingly, this was a young lady of noble stock or, indeed, aristocracy, amongst her own people. Because of transcription from the original language, various spellings of her name appear in different sources; but 'Claquadote' seems to be the one favoured by her own descendants. Her extended name of Claquadote Mary sheds some light on her early history.

Her father, Clapat Schanawah, born around 1775, had taken wives over a wide geographic range of tribal communities, a recognized means of securing privileges, before he married Mary's mother, Haidawah, who was some fifteen years his junior. Mary, therefore, had half-siblings; but she was the only child born to Clapat and Haidawah. On 15 May 1828 Clapat lost his life at Fort Langley, about 30 miles from the mouth of the Fraser River. This was in the course of hostilities with raiding Snohomish neighbours, a coastal tribe with whom the Cowlitz did not have an amicable relationship. At this time Clapat's little daughter was but an infant and it appears that she was abducted. Following her eventual rescue she apparently became a ward of the HBC. As a result she was also given the anglicized name of 'Mary'; and Mary she remained.

Another fragment of background information about Mary reveals that, while still a child, she suffered a fall from a horse. Despite sustaining permanent damage to a shoulder and an arm, it appears that Mary was both comely and resourceful; and, besides being endowed with many handcrafting skills, she was also said to be endowed with traditional healing powers.

The providence that brought Mary and John together seems to have been their mutual association with the *Beaver*. In the spring of 1841, Peter Arthur had been replaced by a Joseph Carless as the *Beaver's* engineer; and by the summer of 1843 Mary was based with Mr Carless and his wife Marie. It is unclear whether Mary's role in the household was as servant or as ward. What is clear is that the relationship between the dark-haired teenager and John McLeod blossomed.

Progressing the relationship was, however, somewhat more complicated. Thus it was that Dr Tolmie, the farm manager, now acted as mentor to John, coaching him in the culture and protocol of the Coast Salish people with whom he was now becoming closely involved. The umbrella term '*Coast Salish*' refers to a large number of indigenous bands who had different customs and who spoke different languages.

It appears that HBC approved. Writing under the title '*An Ethnohistorical Overview of Groups with Ties to Fort Vancouver National Historic Site*', Douglas Deur of the University of Washington, comments that, 'Marriages into tribal families, especially the families of prominent leaders, opened up a world of trade opportunities to the HBC in this ethnographic context, in which familial ties insured an "inside track" when trading with the woman's home community'.

In the light of this assertion, perhaps it is not unduly surprising that John's interest in Mary Claquadote was actively encouraged. Be that as it may, by late 1844 it appears that John was in a position to approach Mary's family with a formal proposal of marriage. Family sources quote the bridal gifts that were deemed appropriate on this occasion as '*a fine horse, with saddle and bridle, trade blankets, and money in gold, probably about $50, and such other things as he could get together*'. It sounds an impressive package;

Overview of Groups with Ties to Fort Vancouver National Historic Site' agus e a' beachdachadh air cùisean dhen t-seòrsa: 'Bha pòsadh a-steach do theaghlaichean nan treubhan, gu h-àraidh teaghlaichean ann an àrd inbhe, a' fosgladh a-mach do HBC saoghal de chothroman gnothachais am measg nan tùsanach oir bheireadh e dhaibh ceum-toisich ann a bhith a' malairt ris na coimhearsnachdan dham buineadh na boireannaich seo'.

B' ann faisg air deireadh 1844 a bha Iain ann an suidheachadh a dhol gu teaghlach Màiri agus cead iarraidh airson a pòsadh. A rèir beul-aithris an teaghlaich, b' e an tochair a bhiodh iomchaidh, *'a fine horse, with saddle and bridle, trade blankets, and money in gold, probably about $50, and such other things as he could get together'*. Cha b' e am beag a bha sin; ach, gu sealbhach, chaidh gabhail gu math ri Iain agus a thìodhlacan! Cha b' fhada gus an robh pòsadh Innseanach ann; agus bha Iain agus Màiri nan càraid phòsta.

B' e an seann togalach aig Nisqually a' chiad dachaigh a bh' aca. Ach sheall Uilleam Tolmie a-rithist gun robh e na dheagh charaid oir cha b' fhada gus an do chuir e triùir den luchd-obrach an sàs a' togail taigh ùr dhan chàraid. Bha seo faisg air an stèisean ùir agus mu earrach 1845 bha an dachaigh a' dol an àirde. Is ann air taobh an ear Lake Steilacoom a bha i, mu dhà mhìle gu leth siar air far a bheil baile Tacoma a-nis. Tha an làrach an-diugh am broinn baile Lakewood. Aig an àm ud, 's e Whyatchie an t-ainm a bh' air Lake Steilacoom agus mar sin 's ann mar *'Whyatchie'* a bha an dachaigh air a h-ainmeachadh; ach tric gu leòr 's e dìreach *'McLeod's Place'* a chanadh daoine rithe.

Na dhreuchd mar àrd-chìobaire, bha uallach air Iain airson sgìre mhòr mun cuairt air Lake Whyatchie agus Lake Gravelly. Bhiodh ceathrar aige ga chuideachadh san obair, Innseanaich no Kanaka. Aig an àm ud, 's e 'Kanaka' a chanadh iad ri luchd-obrach a bhuineadh do eileanan a' Chuain Shèimh, mar bu trice do Hawaii. Bhiodh Iain agus iad fhèin an urra ri treud san robh mu mhìle beathach caorach. Na b' fhaide chun ear, bha treudan eile a bhuineadh do PSAC ag ionaltradh air raointean a' Phuyallup, os cionn far a bheil Tacoma an-diugh. Chun iar, bha an sgìre ionaltraidh aca a' sìneadh cho fada ri far a bheil baile University City a-nis. Ann am meadhan na 19[mh] linn bha an sgìre seo, rin canar an-diugh Stàit Washington, na àite sìochail, socair; cha robh eadhon mòran àiteachais a' dol ann. Bhiodh àireamh an t-sluaigh mu 12,000. An-diugh, tha an àireamh sin air a mheas mu sheachd millean. An uair a bhiodh Iain a' cìobaireachd agus a' siubhal nan raointean farsaing torrach ud air druim an eich, an dùil nach biodh e gu minig a' toirt sgrìob na chuimhne gu mòinteach Leòdhais agus an teaghlach agus na càirdean a dh'fhàg e air a' chùl?

Ach am measg na bha a' dol, thàinig clach-mhìle eile na bheatha ann an 1845. A' bhliadhna sin, air 6 Samhain, rugadh nighean bheag dha Iain agus Màiri. Thug iad *Catrìona* oirre, comharradh is dòcha nach robh ùine no astar air a thighinn eadar Iain agus a' chuimhne a bh' aige air a mhàthair agus a phiuthar òg. B' e Catrìona a bh' air an dithis. Chan eil teagamh sam bith nach robh an tè bheag na fìor thlachd dha a pàrantan; ach tha e soilleir cuideachd gur ann gu mòr an urra ri Màiri a bha togail a' phàiste, le cuideachadh is dòcha bho a càirdean agus a luchd-dàimh fhèin.

A thuilleadh air a bhith trang leis an tè bhig, bha Màiri cuideachd trang le obair-làimhe. Bha liut math aice air na sgilean traidiseanta agus is math a dhèanadh i na

and happily it was found acceptable! Soon after, John and Mary were duly married according to the custom of her people.

They started married life at the old fort at Nisqually; but it is recorded that Dr Tolmie once again proved to be a supportive friend as he soon committed three workers to the project of building a new home for the couple. This was to be near the new station and, by the spring of 1845, work was already in progress. Located on the east of Lake Steilacoom, it was about two and a half miles west of modern Tacoma in Pierce County, Washington State. Today it is enclosed within the city of Lakewood. Lake Steilacoom was then known as Whyatchie, although there are various versions of its spelling. The new homestead thus became known as 'Whyatchie', though it is frequently referred to simply as 'McLeod's Place'.

Now acting as head shepherd, John was responsible for a large area in the vicinity of lakes Whyatchie and Gravelly. With the assistance of four Indian or Kanaka (Hawaiian) under-shepherds, it is reckoned that they managed a flock of sheep which numbered approximately one thousand. To the east, other PSAC flocks grazed across the Puyallup Plain. Here, seasonal burning by native Americans helped maintain extensive areas of prairie which provided them with plants that were important as food and medicine. Today, this plain lies above the bustling city of Tacoma. The company's territory also extended further west to the location of the present-day city of University Place.

In the middle of the 19th century the area that roughly corresponds with today's State of Washington was tranquil; and most of it was virginal rural territory. It had a population of approximately 12,000. Perhaps as John explored the fringes of these expanses of undulating plains on horseback, his thoughts may have meandered to the Lewis moorlands of his youth and lingered on his family and the neighbours of his island homeland. The present-day population of the State of Washington is in the region of seven million.

But amidst all the business activity, 1845 brought a significant milestone: on 6 November, John and Mary's daughter was born. They called her Catherine, possibly an indication that neither time nor distance had dimmed John's memory of a loving mother and a young sister, who were both called Catherine. The little one often features as 'Kitty' as well. Whilst the child's progress was obviously a source of delight to her parents, it also seem plausible that the practical issues of raising the child were very much in Mary's hands, possibly with some input from her relatives.

Besides parenting her little daughter, Mary was also industrious in refining her skills in traditional crafts; and she was apparently well-accomplished in producing fine quality products which traded well. These included highly decorated moccasins and buckskin garments.

Meanwhile John, in common with many of his PSAC and HBC co-workers, liked to socialize. All too often, this tended to be associated with drinking, a matter which caused Mary some concern.

The dream and the disappointment

SHORTLY before John and Mary were married, a Joseph Heath had appeared on the scene in John's neighbourhood in Puget Sound. His farming area was some miles north

gnothaichean grinn air an robh fèill airson malairt. Bu mhath a b' aithne dhi *moccasins* a dhèanamh, agus aodaichean eile de leathair-fèidh.

Aig an aon àm, bha Iain – mar gu leòr eile de luchd-obrach PSAC agus HBC – dèidheil air cuideachd a sheòrsa fhèin. Tha e gu math coltach gum biodh deoch caran tric an lùib seo, rud nach robh idir a' còrdadh ri Màiri.

Am bruadar agus am briseadh-dùil

GOIRID mus do phòs Iain agus Màiri, bha fear Iòsaph Heath air nochdadh ann an nàbachd Iain ann an Caolas Phuget. Bha e ri tuathanachas aig Steilacoom, beagan mhìltean tuath air Fort Nisqually. Chùm esan iomraidhean a tha a' toirt tomhas de dhol a-steach dhuinn air cò ris a bha an saoghal aig Iain coltach mun àm seo. Am measg rudan eile, tha Heath ag aithris gun robh Iain 'Ain 'ic Iain agus fear Iain MacGumaraid a' cèilidh air aig àm na Bliadhn' Uire 1847. B' e Leòdhasach a bh' ann an Iain MacGumaraid cuideachd, à sgìre nan Loch. Bha e bliadhna no dhà na b' òige na Iain 'Ain 'ic Iain agus bha e ag obair dha HBC eadar 1841 agus 1849. An oidhche ud, bha blàthachadh deoch air an dithis; agus thug Heath an aire cho aighearach, suigeartach agus a leum an dithis air na h-eich an àm dhaibh falbh dhachaigh.

Bhiodh an dithis glè eòlach air mar a bhiodh a' Bhliadhn' Ùr air a cumail ann an eilean an àraich; agus faodaidh e bhith, an uair a fhuair an dithis Leòdhasach an cuideachd a chèile, gun do dhùisg seo cuimhneachain agus cianalas. Co-dhiù, tha e follaiseach gun robh Iain mun àm seo a' fàs an-fhoiseil.

Goirid an dèidh siud, anns a' Ghearran 1847, agus a chùmhnant leis a' Chompanaidh a' tighinn gu ceann, rinn Iain gluasad. Sgioblaich e a chuid ghnothaichean ri chèile, dh'fhàg e a theaghlach beag, agus rinn e air Fort Bhancùbhair le sùil a chùl a chur ris a' Chompanaidh. Mus do dh'fhalbh e, bha e air trì eich agus paidhir phocannan-dìollaide fhaighinn. A rèir Heath, bha seo na chomharradh cinnteach air duine a bha am beachd tilleadh dhan dùthaich às an do dh'fhalbh e.

Ach cha robh a' chùis cho sìmplidh ri sin. Ann am Fort Bhancùbhair, dh'fheumadh Iain a dhol mu choinneimh an Àrd Mhaoir-malairt le iarrtas; agus fhuair e a-mach nach robh slighe rèidh idir roimhe. Bha am fear seo air a bhith a' coinneachadh ri suidheachaidhean dhen t-seòrsa fad fichead bliadhna; agus bha deagh fhios aige ciamar a dheigheadh e timcheall air fear-obrach a bha ag iarraidh falbh agus a theaghlach fhàgail às a dhèidh. Thuig Iain glè mhath gun robh rudan ann a bheireadh air duine an rud a bha na rùn atharrachadh. Agus sin an dearbh rud a rinn e. Ghèill e, agus ghabh e cùmhnant ùr – ged nach robh e ach airson dà bhliadhna dhan turas seo, an àite còig. Tràth sa Ghiblean, bha Iain air ais aig Fort Nisqually. Bha am bruadar seachad.

of Fort Nisqually, at Steilacoom. This Joseph Heath kept records which contribute in a modest measure to understanding the McLeod household in the late 1840s. Among other details, he mentions that at the New Year of 1847 he was visited by John McLeod and a John Montgomery. This John Montgomery was also a Lewis man, from the district of Lochs. A couple of years younger than John McLeod, he was employed with HBC between 1841 and 1849. The two of them had apparently celebrated the occasion well; and in his notes Heath commented wryly on the pair's obvious exuberance as they departed from his place on horseback.

Perhaps the New Year, so traditionally observed in Lewis, had stirred memories and occasioned reminiscing and nostalgia when the two *Leòdhasaich* (Lewis men) got together. In any case, it emerges that John was about this time becoming restless.

Shortly afterwards, early in February 1847, with the term of his commitment to the HBC coming to an end, John made a move. He packed up his belongings, left his little family behind, and headed to Fort Vancouver to seek severance from the Company. Prior to departure, it seems that he was supplied with a pair of saddle bags and three horses. According to Heath's account, this was a clear indication of one intending to return to his home country.

This, however, was not to be a simple matter. In Fort Vancouver, John had to confront the Chief Factor with his request; and he discovered that moving on was not altogether straightforward. The Chief Factor had about twenty years of experience in dealing with such requests and was well accustomed to handling situations where a worker who had fathered a family wished to depart unaccompanied by his dependants. John soon realized that there were tactics which could be employed to persuade such workers to reconsider; and reconsider he did. He accepted the situation and a third contract, albeit with the proviso that it was for two years, not five as on previous occasions. By early April, his intentions thwarted, he was back at base at Fort Nisqually.

5. AIR TÒIR AN ÒIR

THA NA PÀIPEARAN eachdraidheil aig HBC air an tasgadh aig riaghaltas Mhanitoba ann an Winnipeg agus tha seirbheis Iain 'Ain 'ic Iain air a chlàradh annta. Chithear bhuapa sin na diofar dhreuchdan a bh' aige còmhla ri HBC eadar 1837 agus 1849, agus na h-àiteachan san robh na dreuchdan sin stèidhichte – ged a tha iomraidhean eile a' cumail a-mach gun robh Iain ag obair dhaibh mar *'Farm Manager at Fort Nisqually, Muck Creek'* rè 1851-52.

Tha na cunntasan seo a' togail ceist: carson a dh'fhàgadh Iain a dhreuchd aig HBC ann an 1849? Chan eil teagamh nach robh cùisean a' soirbheachadh gu mòr le PSAC mun dearbh àm sin. Ach bha tarraing eile a-nis ag èaladh air fàire Iain.

Bha fathannan inntinneach a' tighinn à California. Tràth ann an 1848, bha luchd-obrach ann an Coloma, mu 36 mìle an ear-thuath air Sacramento, air a bhith a' cladhach clais airson dìg-uisge a bheireadh cumhachd gu muileann-sàbhaidh. Am measg a' phuill agus a' mhorghain a thilg iad suas, nach ann a nochd rud a bha a' dol a dh'atharrachadh eachdraidh: smùirnein agus deàlradh asta. Bha linn an òir ann an California air tòiseachadh.

An toiseach, chaidh a' chùis a chumail dìomhair; ach mu shamhradh, bha an ceòl air feadh na fidhle. Chunnaic 1849 daoine a' taomadh a-steach dhan sgìre. Sin mar a thàinig am facal *'forty-niners'* gu bhith air a chleachdadh airson nan àireamhan mòra a thàinig às gach ceàrnaidh agus an sùil ri fortan a dhèanamh. Agus bu bheag an t-iongnadh, agus gun riaghailtean sam bith a' cuairteachadh na h-obrach aig an ìre sin. Cha robh rathad no bailtean san sgìre; agus cha robh bacadh ga chur air duine sam bith a thogradh a shlighe a dhèanamh ann. Nan soirbhicheadh le duine, bha an t-òr leis fhèin. Cha robh cìs ga leagadh air duine air a shon.

A thuilleadh air na h-àireamhan mòra a thàinig bho thaobh an ear Ameireaga, thathas a' cumail a-mach gun tàinig mu 75,000 bho cho fad às ri Chile, Sìona, agus Breatainn. An taice riutha-san, cha mhòr nach robh an sgìre air starsaich Iain. Bha tàladh an òir a' sìor sheirm na chluasan. As t-fhoghar 1849, thog e air aon uair eile. Bha Iain 'Ain 'ic Iain na *'forty-niner'*.

Chan eil mòran air innse le cinnt mu thuras Iain ann an California. Bidh e dualtach gun robh e coltach ri turas iomadach duine eile a ghabh an aon slighe air tòir an òir. Chan eil teagamh nach robh an obair cruaidh; ach cha robh eagal a-riamh air Iain 'Ain 'ic Iain a làmhan a shalach. Tha e air a ràdh gun robh an t-òr cho pailt an toiseach agus gun robh e ri lorg air uachdar na talmhainn ann an àiteachan. Ach mar a chaidh a' chùis air adhart, bha saothair mhòr an cois na h-obrach. Dh'fheumadh duine na h-uillt agus na h-aibhnichean obrachadh le bhith a' criathradh tron talamh agus tron ghreabhal. 'S e obair shàraichte agus obair dhian a bh' ann, agus obair a bha a' ciallachadh gum feumadh foighidinn mhòr a bhith aig duine.

Tha e soilleir gun cuala gu leòr eile a bharrachd air Iain 'Ain 'ic Iain tàladh an òir cuideachd, oir eadar 1848 agus 1854 thaom sluagh mu 300,000 a-steach a Chalifornia. A thuilleadh air na h-àireamhan mòra a bha a' cosg an cuid ùine air tòir an òir, bha feadhainn eile a' dèanamh deagh bhith-beò à bhith a' reic pheileachan agus phanaichean,

5. JOHN, THE FORTY-NINER

HUDSON'S BAY COMPANY Archives, stamped by the Government of Manitoba at Winnipeg, allow access to a summary of John Macleod's service with the company:

Appointments & Service Outfit Year*	Position	Post	District	HBCA Reference
1837 - 1838	Labourer		Columbia	A.32/43, fo. 98; B.223/d/107; B.239/u/1, fos. 244d-245
1838 - 1840	Middleman	Fort Simpson	Columbia	B.223/d/117, 131, 168b, p. 280; B.223/g/5
1840 - 1842	Middleman	Fort Vancouver	Columbia	B.223/d/141, 145, 168b, p. 280; B.223/g/6
1842 - 1844	Stoker	S.S. Beaver	Columbia	B.223/d/152, 168b, p. 280; B.223/g/7, 8
1844 - 1845	Middleman	Fort Nisqually	Columbia	B.223/d/157, 168b, p. 280
1845 - 1846	Labourer**	Fort Nisqually	Columbia	B.223/d/162, 168b, p. 280
1846 - 1848	Shepherd	Fort Nisqually	Columbia	B.223/d/169, 176, 177
1848 - 1849	Labourer & Shepherd (PSAC)	Fort Nisqually	Columbia	B.223/d/184
1849	"Deserted"			B.223/g/9

* An Outfit year ran from 1 June to 31 May

**   "Gratuity as Assistant Overseer Shepherd"   B.223/d/162

Some sources indicate that John was *'the Farm Manager at Fort Nisqually, Muck Creek'* during 1851-52.

aodach trom, biadh, sluasaidean agus pìcean – rudan a bhiodh deatamach do dhuine sam bith a bha a' sireadh fhortain ann an da-rìribh.

Chan eil mì-choltas nach do shoirbhich le Iain gu ìre ann am meadhan gach teanntachd a bha an cois saoghal an òir. A rèir beul-aithris a theaghlaich, thill e le *'òr luach mu $1000; beagan thìodhlacan; cisteachan dealbhach Sìonach; agus sìoda air an robh obair-ghrèis a chaidh a dhèanamh le mnathan-cràbhaidh'*. Bhiodh na tùsanaich deònach bian gu leòr a thoirt seachad airson gnothaichean dhen t-seòrsa sin.

'Am measg a' phuill agus a' mhorghain a thilg iad suas,
nach ann a nochd smùirnein agus deàlradh asta.'
*'Amongst dirt and gravel dredged up,
tiny fragments of a precious metal sparkled.'*

© Christine Davidson

The record raises one highly pertinent question: why should John desert his position with HBC in 1849? There is little doubt that the PSAC project was thriving at this time. But another source of restlessness was now hovering on John's horizon.

From California, information was filtering through of exciting developments. On the American River, early in 1848, at Coloma, some 36 miles northeast of Sacramento, the process of digging a ditch for water to power a sawmill took an unexpected turn, one that was to transform the area. Amongst dirt and gravel dredged up, tiny fragments of a precious metal sparkled. The Californian gold rush had begun.

At first, the find was hushed up; but by early summer the word was out. By 1849, people were pouring into the area. The term *'forty-niners'* thus came to be used for the many hopefuls who in the course of that year came from far and wide in search of fortune. And it is little wonder that they did, as it seems to have been completely unregulated. At that stage, there were no roads, or indeed towns, in the area and it was open to all comers. If one did strike it lucky, any gold that was found was apparently free for the taking. No taxes were levied on anyone's findings.

Besides the many who came from the eastern parts of America, it is reckoned that as many as 75,000 came from as far away as Chile, China and Great Britain. By comparison with the distances some of them had to travel, the area was almost on John McLeod's doorstep. The lure of gold beckoned. In autumn 1849, it became irresistible; and the Garenin adventurer set off once more. The Lewis man became a 'forty-niner'.

•••

There is but sparse detail to hand regarding John's time in California; but it is likely that the pattern of his life was similar to that of the many others who hit the gold trail. It may at times have been backbreaking work but John was never one to shy away from such. In the initial stages of exploitation, it is said that the gold could be picked up off the ground. Later, it was extracted from streams and riverbeds using unsophisticated techniques. These included panning, placer mining (i.e. superficial, or open, pit work), and trawling through 'pay dirt'. This last phrase refers to meticulously sifting any soil, gravel, or ore that appeared to have potential for profit.

The entrepreneurial spirit was clearly alive and well as between 1848 and 1854, about 300,000 people streamed into California. An interesting by-product of the gold fever is that many others who were not directly involved in the business made their fortune by selling buckets, pans, heavy clothing, foodstuffs, shovels and pick-axes – all essential tools for hopeful gold-seekers!

Amidst these harsh conditions, John seems to have enjoyed a degree of prosperity. Family sources note that he returned with *'about $1000 in gold, some gifts, painted Chinese chests and silk embroidery done by Mission nuns'*. For items such as the chests, the indigenous people would be willing to trade many furs. If John had not amassed huge wealth in California, he had certainly enjoyed a measure of prosperity.

It may be that John's departure to join in the gold rush was perceived by some as evidence that he had turned his back on his family, although other factors strongly suggest that he had every intention of returning to them. In particular, this may be inferred from the fact that, when he passed through Portland, Oregon, on his way south to California, John had called at the relevant office there in order to register his interest

Is dòcha gun do shaoil cuid gun robh mar a dh'fhalbh Iain a Chalifornia na dhearbhadh gun robh e a-nis air cùl a chur gu tur ri a theaghlach; ach tha rudan eile ag innse sgeulachd eadar-dhealaichte. An uair a chaidh Iain tro Phortland, Oregon, air a shlighe deas gu California, thadhail e ann an oifis ann an sin gus a chlàradh gun robh e a' sireadh saoranachd sna Stàitean Aonaichte; rud a tha a' cur an cèill gun robh e an làn-dhùil tilleadh thuca. Agus rinn Iain a shlighe air ais sa gheamhradh 1850-51.

Tionndaidhean às ùr

ACH ma bha sealbh air a bhith còir gu leòr dha Iain ann an California, bha car eile aig an fhreastal dha a-nis. An uair a thill Iain à California, bha e follaiseach gun robh cùisean air atharrachadh san dachaigh fhad 's a bha e air falbh. Cha robh sgeul air Màiri.

Chan eil e buileach soilleir ciamar a thàinig seo mun cuairt ach tha cuid a' cumail a-mach gun tàinig fathannan à California gun robh driod-fhortan air a thighinn air Iain agus a chompanaich agus gun robh iad air a dhol às an rathad. Tha cuid eile dhen bheachd gun do chuir càirdean Màiri na ceann gun robh Iain dha-rìribh air cùl a chur rithe dhan turas seo, agus mar sin gun robh an ceangal a bha eatarra seachad. Ge bith dè fìrinn na cùis, bha Màiri a-nis air a dhol còmhla ri fear de dh'urrachan beartach a daoine fhèin, fear a bh' ann an àrd-urram ann an treubh nan *Humptulips*. Bha iad a' fuireach beagan gu siar, ris an Abhainn Humptulips, mun àm a thill Iain. Tha e air aithris gun robh am fear a bha seo gu math na bu shine na Màiri agus gun do chaochail e goirid an dèidh seo.

Chan eil cinnt an do dh'fhalbh Catrìona, a bhiodh a-nis mu chòig bliadhna a dh'aois, còmhla ri a màthair. Tha cunntas-sluaigh bhon bhliadhna 1850 a' sealltainn gun robh i fhèin agus clann le Iain MacGumaraid a' fuireach aig an àm sin còmhla ri càraid air an robh Teàrlach agus Ealasaid Wren, feadhainn eile a bha ag obair do HBC.

An uair a chunnaic Iain mar a bha, ghabh e fhèin bean a bhuineadh dhan treubh Puyallup, tè air an robh Kival-a-hu-la, a rugadh mu 1832. Fhuair e tuilleadh chlainne: an toiseach Edwin, agus an uair sin Iain (Òg). Is ann am measg nam Puyallup a rinn na mic seo am beatha; agus lean an sloinneadh aig Iain 'Ain 'ic Iain an sin mar '*McCloud*'.

Bha gluasadan nàiseanta a' toirt buaidh air beatha Iain a-nis cuideachd. Ann an 1850, chaidh achd rin cante an '*Oregon Donation Land Claim Act*' tro Chòmhdhail nan Stàitean Aonaichte. Is ann ag amas air daoine a mhisneachadh gu dhol an sàs ann an tuathanachas ann an sgìre fharsaing Oregon a bha an achd seo; agus thug i cothrom do shamhail Iain 'Ain 'ic Iain fearann fhaighinn nan ainm fhèin. Bha Earrann 4 den Achd a' mìneachadh mar a bhiodh daoine airidh air an seo. Dh'fheumadh iad dearbhadh laghail a shealltainn gun robh iad dha-rìribh a' sireadh saoranachd sna Stàitean; agus bha Iain 'Ain 'ic Iain mar thà air a leigeil ris gun robh sin aigesan san amharc. An uair a chaidh e a Chalifornia ann an 1849, bha e air tadhal sa Chùirt Ionadail ann an Siorrachd Chlackamas, ann an sgìre Oregon agus air ùidh san dearbh rud seo a chlàradh. Mar sin, dh'fhaodadh e a-nis cothrom a ghabhail air an Achd ùr seo; agus rinn e sin. An toiseach, bha am fearann an-asgaidh dhan fheadhainn a ghabh an cothrom seo; ach ri tide, mar a bha iarrtasan a' fàs lìonmhor, dh'fheumadh daoine na h-uiread a phàigheadh.

Sin mar a ghabh Iain sealbh air fearann *(Donation Land Claim – DLC)* anns a' Ghearran 1851: 320 acair de thalamh math torrach aig Upper Muck Creek. Bha seo

in becoming a citizen of the United States; and the winter of 1850/51 saw him make his way back home.

New developments

WHILST recent providence may have been benevolent to John, it appears that his return heralded the onset of a turbulent phase for the Lewis man who was now in his mid thirties. On his arrival back at base he discovered that, in his absence, changes had taken place on the domestic front. Mary was no longer there.

A degree of uncertainty clouds the details surrounding this turn of events. Some sources imply that information had trickled back from California to the effect that unfavourable circumstances had befallen John and his mates. Others suggest that Mary was persuaded that she had now been finally deserted by John and was therefore free from her commitment to him. In any event, by the time John came back, Mary had left and she was now with a wealthy tribal leader of the Humptulips people. At the time of John's return they were living further west, in the vicinity of the Humptulips River; but this gentleman, who is said to have been considerably older than Mary, died shortly afterwards.

Whether little Catherine, now aged about five, accompanied Mary to the Humptulips is doubtful. A census record of 1850 shows her, along with children belonging to John Montgomery, as being resident with other HBC employees, Charles Wren and his wife Elizabeth.

Confronted with this unforeseen situation, John took a Puyallup woman, Kival-a-hu-la (born around 1832), as wife. More family came along: two sons – first Edwin, and then John (Junior). It appears that these sons lived as Puyallups, eventually living on the Puyallup reservation. It is as 'McCloud' that their name continued there.

Meantime, developments on the national stage were impacting on John's circumstances. In 1850, the Oregon Donation Land Claim Act was passed by the U.S. Congress. It came into force with the express purpose of encouraging farming settlements in the Oregon Territory and it enabled men such as John to become landowners. Section 4 of the Act outlined part of an individual's eligibility to qualify for land as *'having made a declaration according to law of his intention to become a citizen'*. Having registered his intention of becoming a U.S. citizen in October 1849 at the District Court of Clackamas County in Oregon Territory, John was now in a position to take advantage of this Act; and he did so. Initially the land was free to those who went through the relevant process towards becoming U.S. citizens; but later, as demand for claims mounted, payment was required, albeit at a relatively modest level.

It was in February 1851 that John settled on a Donation Land Claim of 320 acres of good fertile land at Upper Muck Creek, on the eastern edge of the PSAC territory. His land was located south of present day Spanaway, in the south of Pierce County, at the base of Muck Creek Hill. Its site was adjacent to the present day Mountain Highway East, and across from where the Bethany Lutheran Church is now situated. The march of urban progress has since seen much of what was once John's land carved up and developed; but some of it does still survive as pasture.

Some have speculated that Muck Creek, previously called Douglass Creek, was

air iomall an ear fearann PSAC, deas air far a bheil Spanaway ann an Siorrachd Phierce a-nis, aig bonn Muck Creek Hill. An-diugh, tha am mòr-rathad *'Mountain Highway East'* a' ruith ri taobh far an robh fearann Iain; agus tha an eaglais rin canar Bethany Lutheran Church air taobh eile an rathaid bhuaithe an-diugh. Tha beagan dhen fhearann a bh' aige fhathast fo fheur; ach, le leasachaidhean a bhith a' sìor leudachadh, tha mòran dheth gu math eadar-dhealaichte ris mar a bha e uaireigin.

'S e Douglass Creek an t-ainm a bh' air Muck Creek an toiseach. Tha cuid den bheachd gur e na Leòdhasaich a thug Muck air an abhainn seo, às dèidh Eilean nam Muc ann an Alba; ach tha ceistean timcheall air dè an t-eòlas a bhiodh aig muinntir Leòdhais aig an àm ud air Eilean nam Muc, no Na h-Eileanan Beaga a tha a-mach bho chladach siar na h-Alba. Tha barrachd de choltas na fìrinn air mìneachadh a rinn Alasdair C. MacAnndrais anns an leabhar *'Handbook and Map of the Gold Region of Frazer's and Thompson's Rivers with Table of Distances'* a chaidh fhoillseachadh ann an San Francisco ann an 1858. Tha liosta de fhaclan Chinook Jargon an sin agus am measg faclan mu bhiadh tha e ag innse gu bheil *'muck a muck'* a ciallachadh 'rud sam bith a tha math ri ithe'. Dh'fhaodadh sin a bhith a' sònrachadh sgìre a bh' air a meas tlachdmhor agus torrach.

Tha cuid de fhaclan inntinneach anns an liosta aig MacAnndrais. Mar eisimpleir, is dòcha gun robh Iain gu seo cleachdte ri bhith ag ràdh *'wapito'* airson 'buntàta'. Uaireannan, chithear buaidh na Fraingeis air na facail Chinook. Chanadh iad *'la mutto'* ri caora, agus *'le pole'* ri circ. Air an làimh eile, b' e *'moos moos'* a bh' aca air boin; agus bha *'man moos moos'* a' ciallachadh damh. Chan eil facal air leth air a thoirt airson uisge-beatha idir; ach b' e *'lum'* am facal airson ruma. Agus ma bha làn a bhroinn dhen sin aig duine, bha e *'patlum'*!

Bha e fada an dèidh seo, ann an 1876, an uair a chaidh an teisteanas foirmeil aig Iain, Iarrtas Àireamh 617, a chlàradh ann an Oifis an Fhearainn ann an Olympia. Is dòcha gun robh mòran dhen dàil seo ri linn mar a bha HBC a' cur an aghaidh iarrtasan bho fheadhainn a bha ag obair dhaibhsan uaireigin agus a bha a-nis a' cur a-steach airson fearann faisg air Lake Spanaway, sgìre a bha HBC a' feuchainn ri a dhleasadh dhaibh fhèin. Gu dearbh, sheas iad gu daingeann an aghaidh cuid a dh'iarrtasan. Ach cha b' e fear a bh' ann an Iain 'Ain 'ic Iain air an cuireadh HBC an teiche; agus co-dhiù, sheas an riaghaltas taobh an luchd-tagraidh an aghaidh HBC.

Bhiodh dachaigh Iain aig Muck Creek a rèir an latha: air a thogail le logaichean agus sgolban de logaichean. Tha e coltach gun tàinig Catrìona an seo còmhla ris fhèin agus Kival-a-hu-la agus na gillean beaga ann an 1854. Chuir Iain a ghualainn ris an tuathanas a thoirt air adhart. Bha beathaichean aige: crodh, caoraich, cearcan agus tunnagan; agus bha e ri àiteachas, a' cur buntàta, cruithneachd agus coirc. Bha eich aige cuideachd, agus cairt – no *uagon*, mar a chanadh iad fhèin.

Beagan de thòimhseachan

THA E COLTACH RIS gun robh an deoch-làidir fhathast na pàirt de dhòigh-beatha Iain. Tha e air aithris mu chuid de luchd-obrach HBC gun tugadh iad buiseal de chruithneachd chun staileadair ann an Steilacoom agus gum faigheadh iad galan uisge-beatha na àite. A rèir beul-aithris an teaghlaich, dh'fhalbhadh an cadal le Iain aig amannan air an t-slighe

so named by the men from Lewis who came to be resident in the area, after the island of Muck in the Inner Hebrides of their native Scotland. Bearing in mind that the Lewis men are unlikely to have had little, if any, awareness of the island of Muck, this is not convincing. A much more plausible explanation for the origin of the name may be found in a book by Alexander C. Anderson titled *'Handbook and Map of the Gold Region of Frazer's and Thompson's Rivers with Table of Distances'* and published in San Francisco in 1858. An appendix within the book is entitled 'Chinook Jargon' and there Anderson presents a number of topics, giving their Chinook Jargon form and their English equivalent. In the section for 'Articles of Food and Clothing' the first word listed is the Chinook Jargon 'muck a muck'; and as the English for this is recorded as 'anything good to eat' it may well be the case that this was an area of land that was perceived as being desirable and productive.

Among other interesting words, Anderson mentions 'wapito' as the Chinook Jargon for a potato; and there is every likelihood that, by now, John was more accustomed to it than to the word *'buntàta'* of his native Gaelic! In a number of instances, it is clear that the influence of the French language is just under the surface in the Chinook. Examples of this include *'la mutto'* for a sheep, and *'le pole'* for a hen. On the other hand, a cow is *'moos moos'*, while an ox is *'man moos moos'*. The list does not mention a word for whisky; but rum is quoted as *'lum'*; and *'patlum'* is defined as 'drunk or full of rum'!

It was not until much later, in 1876, that John's Number 617 claim certificate was officially recorded in the land office in Olympia. Perhaps some of this long lapse of time was due to the fact that the HBC tended to regard former employees who filed donation claims in the proximity of Lake Spanaway as squatters on land they had presumed to belong to PSAC. Indeed, on occasion, they contested these claims and made attempts to evict men from Donation Claims. If John McLeod was harassed by PSAC in this respect, he does not seem to be a man who would be easily intimidated by his ex-employers; but, in the event, the men's claims were upheld by the government.

John's homestead at Muck Creek would be of the style that was common at the time, built with logs and cedar shakes (split logs). Catherine apparently moved in here with John, Kival-a-hu-la, and their boys, in 1854.

As time went by, John built up the farming business, managing livestock and crops. He kept cattle, sheep, chickens and ducks. The crops grown on the farm included potatoes, wheat and oats. He also had some horses and a wagon.

The intriguing paradox

IT IS APPARENT that liquor continued to feature in John's lifestyle. Some sources mention that HBC employees were known to take a bushel of wheat to the distiller in Steilacoom and exchange it there for a gallon of whisky. Indeed a family source suggests that there may have been occasions when John, having indulged in drink, was known to doze off on the way home from there; but his horse, once the reins were correctly looped, could get both John and himself home without any difficulty!

On this subject, one chronicler who commented on John McLeod was Ezra Meeker (1830-1928). Born in Ohio, Meeker journeyed across America to the Pacific Coast as a young man. His books document many and varied experiences. Regarding

dhachaigh an dèidh dha cus òl; ach bha an t-each aige cho glic agus, aon uair is gun cuireadh Iain an t-srian air ceart, gun dèanadh e fhèin an t-slighe dhachaigh gu math dòigheil!

Thog Ezra Meeker, eachdraiche cliùiteach a chaochail ann an 1928, air an dearbh chuspair seo. Rugadh Meeker ann an 1830 ann an Ohio agus rinn e a shlighe agus e na dhuin' òg tarsainn Ameireaga chun Chuain Shèimh. Tha cunntas air iomadach rud anns na leabhraichean a sgrìobh e. Seo blasad de na tha e ag ràdh mu Iain 'Ain 'ic Iain:

'Is ann ainneamh a dheigheadh Iain MacLeòid gu Steilacoom nach gabhadh e smùid uabhasach, agus bhiodh e a' dol ann tric agus minig; agus cha robh e na annas dha pigidh-galan dhan stuth ghràineil a thoirt dhachaigh leis. Agus, air a shon sin, b' e duine bha seo a bha a' leughadh a' Bhìobaill gu cunbhalach; agus tha mise a' tuigsinn bhon fheadhainn a tha eòlach air, gun leughadh e caibideil a cheart cho tric agus a ghabhadh e siolag uisge-bheatha, no eadhon nas trice, oir bhiodh am pigidh uaireannan falamh, ach bha am Bìoball daonnan làn. Tha an seann Bhìoball Gàidhlig aige agamsa, agus tha coltas a dheagh chleachdadh air. Tha an deit 1828 air a' chiad duilleig dheth agus thug e leis e dhan dùthaich seo ann an 1833; agus bha e ga leughadh gus an do dh'fhàilnich a fhradharc an uair a b' eudar dha fear le priont na bu ghairbhe a chleachdadh.'

Bha Meeker ceàrr leis a' bliadhna a ràinig Iain Ameireaga agus tha e duilich an còrr den chunntas aige a dhearbhadh; ach faodaidh e a bhith gu bheil am fiosrachadh mionaideach a th' aige mun Bhìoball Ghàidhlig a' toirt beagan creideis dhan iomradh. Is ann dha-rìribh ann an 1828 a thàinig Bìoball Gàidhlig a-mach a bha aig prìs a b' urrainn daoine cumanta a phàigheadh. Mura robh Meeker air a leithid a leabhar fhaicinn, cò às a gheibheadh e am fiosrachadh seo? Chan eil e idir duilich dealbh a dhèanamh de mhàthair a' pasgadh Bìoball ann an làmh a mic agus i a' leigeil soraidh leis. Faodaidh e cuideachd a bhith gun robh Iain air comas a' Ghàidhlig a leughadh a thogail na òige aig adhradh teaghlaich. Gu dearbh, bidh e dualtach gur ann tro mheadhan na Gàidhlig a bha foghlam sam bith a fhuair Iain. An dùil an robh taobh smaoineachail eile air an Leòdhasach chalma?

Chun an latha an-diugh, tha Bìoball eile a bh' aig Iain aig fear den t-sliochd aige ann an Stàit Washington agus e air a ghleidheadh gu cùramach. A rèir an sgrìobhaidh a th' air a' chiad dhuilleig den fhear sin, fhuair Iain e mar thìodhlac bho Chomann a' Bhìobaill ann an Ameireaga. 'S e fìor sheann leabhar a tha seo oir chaidh fhoillseachadh ann an 1801; agus 's e a' chiad earrann den t-Seann Tiomnadh a th' ann ann an Gàidhlig.

his acquaintance with the Scot he remarks:

'John McLeod used to almost invariably get gloriously drunk whenever he came to Steilacoom, which was quite often, and generally would take a gallon keg home with him full of the vile stuff. And yet this man was a regular reader of his Bible, and, I am told by those who knew his habits best, read his chapter as regularly as he drank his gill of whisky, or perhaps more regularly, as the keg would at times become dry, while his Bible never failed him. I have his old, well-thumbed Gaelic Bible, with its title page of 1828, which he brought with him to this country in 1833, and used until his failing sight compelled the use of another of coarser print.'

Meeker's date for John's arrival in America is not quite accurate; and it is difficult to ascertain whether the rest of his observation is factual. Nevertheless, the precision of the detail quoted by Meeker regarding the Bible gives his statement some credibility. It was indeed in 1828 that a Gaelic version of the Bible became available at a price that was within the reach of the bulk of the population. If he had not actually seen this book, where else would Meeker have acquired such information?

It is not difficult to imagine a loving mother pressing a Bible into the hands of her departing son; and it is quite conceivable that John may have acquired some basic Gaelic reading skills in his young days through the practice of family worship. Indeed, such education as John may have had was probably through the medium of his native tongue. Was there perhaps yet another intriguing facet to the character of the sturdy islander?

John evidently had another Bible as well, one gifted to him by the American Bible Society according to the inscription in it. Published in 1801, it comprises the first part of the Old Testament; and it is treasured to this day by one of John's direct descendants in Washington State.

6. BUAIREADH ANN AN CAOLAS PHUGET

ACH BHA SGÒTHAN DORCHA a' cruinneachadh air fàire. Fad bhliadhnachan, bha luchd-obrach HBC agus PSAC air a bhith beò gu rianail am measg nan Innseanach mun cuairt air Caolas Phuget. Bhuineadh an luchd-obrach sin do dhiofar cheàrnaidhean agus chultaran agus dhèanadh iad iad fhèin an àirde ri coigrich. Ach sna beagan bhliadhnachan ro, agus an dèidh, 1850 thaom mòran a-steach dhan sgìre agus bha iad a' dleasadh fearainn dhaibh fhèin. Gu math tric, b' e fearann a bha seo far an robh na treubhan tùsanach cleachdte ri bhith a' siubhal mar a thogradh iad, a' sealg, a' cruinneachadh agus ag iasgach.

Cha robh mothachadh aig mòran dhen luchd-tathaich seo a thàinig a-steach às ùr gun robh cultar eadar-dhealaichte an seo. Do mhuinntir na Roinn Eòrpa, cha robh càil cho cudromach ri còirichean gach duine fa-leth; ach do thùsanaich na sgìre seo, bha sin na rud fuadan. B' e an rud a bha deatamach dhaibhsan còirichean an trèibh. Cha dèanadh duine acasan rud a bha an aghaidh riaghailtean an cinnidh fhèin. Nan dèanadh coigreach fòirneart orra, bha iadsan a' gabhail ris gun robh sin dèante le cead bho cheannardan nan coigreach. Ann an suidheachadh dhen t-seòrsa sin, dhèanadh iadsan dioghaltas air a h-uile duine a bhuineadh don fheadhainn, no don neach, a rinn an fhòirneart; agus bha sin a' ciallachadh gach fireann is boireann, sean is òg.

Le mothachadh gun robh cùisean a' teasachadh, agus le sùil ri aimhreit a sheachnadh, dh'fhosgail an Riaghladair Isaac Stevens còmhraidhean leis na h-Innseanaich airson sgìrean a shònrachadh agus a chur air leth dhaibh fhèin. Faisg air deireadh 1854 chaidh an còrdadh air an robh *'Treaty of Medicine Creek'* aontachadh. Chaidh seo obrachadh a-mach eadar na Stàitean Aonaichte, a bh' air an riochdachadh leis an Riaghladair Stevens, agus na h-Innseanaich a bhuineadh dha na treubhan Nisqually, Puyallup agus Squaxin.

'S e am fearann a roinn a-mach gu cothromach a bh' aca san amharc. Gu mì-fhortanach, b' e fearann creagach air falbh bhon abhainn a fhuair na Nisqually; ach b' ann ris an abhainn a bha na Nisqually cleachdte ri bhith a' fuireach agus a' dèanamh am beò-shlàinte. Bha an Abhainn Nisqually, a tha sruthadh bho raointean-deighe Mount Rainier, agus anns a bheil 45 mìle a dh'fhad, cho luachmhor dhaibhsan ri fuil an cuislean; agus tha gus an latha an-diugh.

Bhathas a' cumail a-mach gun do chleachd Stevens làmhachas làidir airson gun cuireadh na h-Innseanaich an ainmean ri còrdadh a bha a' toirt chòirichean agus fearann bhuapa. Cha b' fhada gus an tàinig brunndal gearain gu rud na bu mhilltiche. As t-fhoghar 1855, bhris a' chonnspaid fhuilteach rin canar *'Cogadh Innseanach Chaolas Phuget'* a-mach.

Ann an solas seo, dh'òrdaich an Riaghladair Stevens dha na feachdan a bh' air an ainmeachadh mar *Washington Territorial Volunteers* daingneachdan a thogail. Bha sin airson a bhith nan ionadan far am biodh daoine tèarainte bho na h-Innseanaich. Cha robh sna daingneachdan seo ach togalaichean sìmplidh air an dèanamh de logaichean, gun na goireasan idir annta a gheibhear gu cumanta ann an gearastain. Chaidh an uair sin fìosan a chur gu na daoine aig an robh tuathanasan ann an sgìre Nisqually an cùl a chur rin

6. FRICTION IN PUGET SOUND

NOT VERY LONG after his return from California, however, there were ominous rumblings close to home for John. For many years, HBC and PSAC employees had lived in comparative harmony with the American Indians of Puget Sound. Most of these employees were well accustomed to a multicultural environment as so many of their own number came from diverse backgrounds. During the late 1840s and early 1850s, however, there was an influx of settlers into the region, with many of them staking claims to land. All too often this was land where Indian bands had traditionally roamed freely – hunting, gathering and fishing.

Many of the new settlers did not appreciate the cultural differences that prevailed. In the European mindset, individual rights tended to be paramount. To the native population, with a strongly tribal mentality, this was an alien concept. In the tribal scheme of things, individual members would not act contrary to tribal ruling. If they were violated by individual incomers, they understood this to have been perpetrated with the consent of these people's leaders. The response of their tradition in such a situation was to inflict punishment on the offender's entire group, without regard for either gender or age. In an attempt to lessen festering tensions, Governor Isaac Stevens undertook negotiations to assign reservations to the American Indians.

In late 1854 the Treaty of Medicine Creek was signed. This was negotiated by the United States, represented by Governor Stevens, with the Nisqually, Puyallup and Squaxin Island Indian Tribes. The intention was to allocate land fairly. Significantly, in this instance the area that was allocated to the Nisqually people as their reservation was rocky inland terrain; and the Nisqually were basically a people who lived and fished by the riverside. For them, the 45 miles long Nisqually River, flowing from the glaciers of Mount Rainier, was like very lifeblood; as, indeed, it continues to be to this day. Perhaps conflict was inevitable.

Stevens was perceived to have used both intimidation and force to coerce these bands to sign a treaty which effectively deprived them of land and rights. Soon, the simmering discontent erupted into open hostilities in Puget Sound. The autumn of 1855 saw the outbreak of what became known as the 'Puget Sound Indian War'.

In view of the increasing unrest, Governor Stevens ordered the Washington Territorial Volunteers to build forts which would function as places of refuge and protection for settlers. In reality these were blockhouses rather than forts. As simple log structures, they did not have the regular features of a fort, such as barracks and parade grounds. Orders were then sent to the men who had farmsteads in the Nisqually area to evacuate their farms and, in the interest of their own safety, go to one of these forts.

John McLeod and his family found themselves embroiled in the strife. Along with others who had not already fled to the hills for refuge, Kival-a-hu-la and the boys were sent to an internment centre on Squaxin Island, in the southwest of the Sound. Conditions there have been described as deplorable. Reliable accounts mention regular deliveries of coffins to the island as a result of disease, much of it due to the island's lack of fresh water. Catherine, meantime, remained with her father.

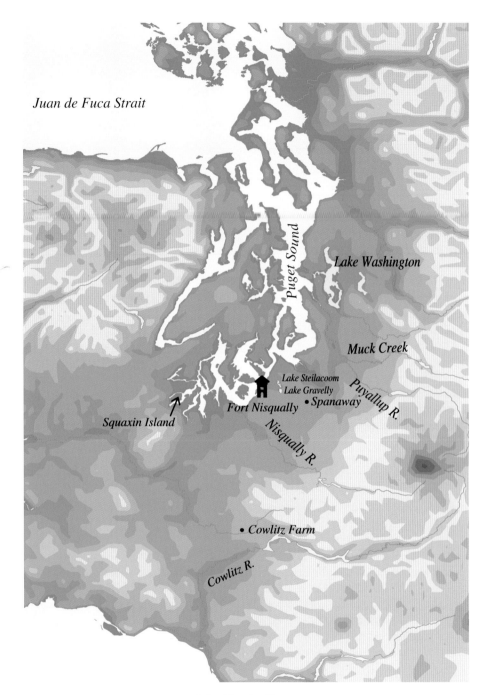

Juan de Fuca Strait

Puget Sound

Lake Washington

Muck Creek

Lake Steilacoom
Lake Gravelly

Puyallup R.

Fort Nisqually

• Spanaway

Squaxin Island

Nisqually R.

• Cowlitz Farm

Cowlitz R.

Sgìre Chaolas Phuget
Puget Sound Area

As hostility and insurgency continued to escalate, events over 4 or 5 days in late October 1855 saw serious bloodshed not far from the McLeod homestead. This happened in the area of the White River, a tributary of the Puyallup. There, tribesmen ambushed a small number (probably totalling four, over two days) of Government Territorial Volunteers who were sent to seize the Nisqually chief, Leschi, and another local leader. Panic spread; and hostility rapidly escalated. A number of settler families were attacked and such were the casualties indiscriminately inflicted on them that the occasion is referred to as the *'White River Massacre'*.

It is estimated that Leschi's forces at this stage totalled fewer than 200 men.To the traders of HBC, Leschi was known as a highly skilled horseman and he had a reputation with them of being fair and helpful. Although he went to the gallows for an alleged murder in 1858, his case continued to cause controversy; and, indeed, he was exonerated by a Historical Court of Inquiry in 2004.

Meantime, suspicion was growing in Government ranks that some HBC workers and former employees, especially those who had Indian wives, were supporting the enemy.

The Muck Creek Five

HAVING CONFORMED to the original requirement to report to one of the forts, it seems that John McLeod was subsequently given an opportunity to return home so that he could continue to supply potatoes and grain to the local merchants. This was an essential service in view of the fact that, courtesy of the prevailing regulations, significant numbers of working people were now confined to the forts. But in March (1856), on a lonely stretch of road, John was waylaid by Volunteer soldiers under the command of a Captain Hamilton Maxon, acting for Governor Stevens. John was roughly seized and shackled, taken to the U.S. Army guardhouse at Fort Steilacoom and held there, as were a number of others who had also fallen under Steven's suspicion.

Fort Steilacoom had been established in the vicinity of Joseph Heath's farm in the wake of the Californian Gold Rush and the rapid settlement of the Pacific coastal area. Its express purpose was to project American power and to secure American interest in the area of Puget Sound. During the hostilities of 1855-56, it was the headquarters of the U.S. 9th Infantry Regiment. Ironically, the load of produce John was transporting the day he was apprehended was actually designated for that very establishment for the purpose of feeding Government troops!

While it appears that a total of seven men were in a similar situation in the initial stages, the number was whittled down to five. They came to be known as the *'Muck Creek Five'*. They have been named as: Charles Wren, Lyon A. (*'Sandy'*) Smith, Henry Smith, John McPhail, and John McLeod. Like John McLeod, John McPhail was also a Lewis man; and, indeed, he was later to be instrumental in bringing about a further interesting development in John McLeod's story.

It is worth noting that among those involved in the Government's handling of matters in Puget Sound at this stage was an official by the name of Daniel Mounts. In time to come, this name was to feature prominently in John's life.

Family sources indicate that, when he was taken into custody, John's great concern

àiteachan fhèin agus, airson sàbhailteachd, a dhol gu na daingneachdan seo.

Fhuair Iain 'Ain 'ic Iain agus a theaghlach iad fhèin aig teis-mheadhan na connspaid. Chaidh Kival-a-hu-la agus na balaich a chur gu ionad-gleidhidh air Eilean Squaxin, còmhla ri tùsanaich eile nach robh air teiche dha na beanntan. Bha Eilean Squaxin ann an iar-dheas a' Chaolais; agus bha suidheachadh ann a bha truagh. Tha aithrisean earbsach ag innse mu ghalaran a bha a' sgaoileadh nam measg agus mu mhòran a bhith a' bàsachadh leis nach robh cothrom aca air uisge glan. Dh'fhuirich Catrìona còmhla ri a h-athair.

Bha naimhdeas agus ceannairc a' sìor-leudachadh; agus faisg air deaireadh an Dàmhair 1855, thàinig a' chùis gu dòrtadh fala faisg air dachaigh Iain 'Ain 'ic Iain. Thachair seo aig an Abhainn Gheal, a tha a' sruthadh a-steach dhan Phuyallup. Sin far an robh sabaid eadar na h-Innseanaich agus na 'Volunteers' a chuir romhpa ceannard nan Nisqually, 'Leschi', agus urramach ionadail eile, a ghlacadh. Bha deagh bheachd aig luchd-malairt HBC air Leschi, an dà chuid mar mharcaiche agus cuideachd mar fhear a bha cothromach agus cuideachail na dhèiligidhean riutha. Aig an ìre seo, thathas a' meas nach robh ach mu 200 de luchd-taic aig Leschi; agus tha eachdraidh a' dearbhadh nach do chaill am beatha ach àireamh glè bheag de na Volunteers, is dòcha ceathrar thairis air dà latha; ach bha a' bhuaidh a thug an seasamh a rinn na h-Innseanaich cho mòr agus gur ann mar 'White River Massacre' a chaidh an t-sabaid ainmeachadh.

Aig an aon àm bha luchd-obrach HBC, agus feadhainn a bh' air a bhith ag obair dhaibh, a' tighinn fo amharas ann an sùilean an Riaghaltais. Bha iad am beachd gun robh an fheadhainn dhiubh aig an robh mnathan tùsanach a' cur taic ris 'na naimhdean'.

Còignear Muck Creek

THA E COLTACH gun tug Iain feart air a' chiad òrdugh gu nochdadh aig tè de na daingneachdan ach gun d'fhuair e an uair sin cothrom a dhol dhachaigh gus am cumadh e buntàta agus gràn ris na ceannaichean ionadail. 'S e seirbheis dheatamach a bha seo oir bha mòran dhaoine a-nis air an cuingealachadh anns na daingneachdan ri linn nan riaghailtean a chaidh an sparradh orra. Ach anns a' Mhàrt 1856, thachair rud ris nach robh dùil no sùil. Bha Iain a' siubhal na aonar le luchd air a' uagon an uair a chaidh leum air. B' e saighdearan de na Volunteers a thàinig air, le fear Caiptean Hamilton Maxon air an ceann agus e fo ùghdarras an Riaghladair Stevens. Chaidh iad timcheall air Iain agus thug iad e gu taigh-geàird arm nan Stàitean Aonaichte aig Fort Steilacoom. Sin far an deach a chur fo ghlais, còmhla ri feadhainn eile air an robh amharas aig Stevens.

Is ann an dèidh Linn an Òir ann an California a chaidh Fort Steilacoom a stèidheachadh, faisg air tuathanas Iòsaiph Heath, aig àm a thàinig mòran dhaoine gu iomall a' Chuain Shèimh. B' e an t-adhbhar air a shon sealltainn cho cumhachdach agus a bha Ameireaga mun cuairt air Caolas Phuget. Fhad 's a bha a' cheannairc a' dol, b' e seo an dachaigh a bh' aig an 9[mh] Rèiseamaid de Choisichean nan Stàitean Aonaichte. Gu h-annasach, b' e luchd de stuth a bheathaicheadh feachdan an Riaghaltais anns an dearbh ionad sin a bh' aig Iain an latha a chaidh a chur an grèim!

An toiseach, bha seachdnar an grèim an seo; ach thàinig sin sìos gu còig, na 'Muck Creek Five' mar a chaidh an ainmeachadh. B' iad sin: Teàrlach Wren, Lyon A. ('Sandy') Mac a' Ghobhainn, Eanraich Mac a' Ghobhainn, Iain MacPhàil, agus Iain MacLeòid. B' e

was the welfare of his young daughter; and he had good reason to be apprehensive as tensions were running high.

The day John was taken away, the Smith family who lived nearby took her in. But Catherine regarded many of the animals on their own farm almost as pets and she returned there to see to them. Whilst there, she was alerted by the unmistakeable sound of horses approaching the house. She hurried into hiding in the furthest recesses of the dark loft above the living quarters. Through a chink between the logs, she saw her fears confirmed; the Volunteers had arrived. She lay still and watched in terrified silence as they ransacked the place.

The granary, holding over 400 bushels of wheat, was torched. They didn't spare the animals. The family cow was callously killed and butchered before the villains barbecued choice cuts and feasted on them. The chickens were killed off; as were also a pig and a turkey, both treasured pets to young Catherine. Perhaps the moment of most tension for the ten year old was when she became aware of footsteps on the ladder leading to her sanctuary in the loft. She held her breath; but, after a cursory squint into the darkness, the intruder retraced his steps. Later, as they ate and drank and the conversation became raucous, she overheard, amidst their hilarity, an alarming discussion about torching the house as well. This did not materialize; but a long time passed before they eventually made their departure. For most of the night, Catherine lay in the loft, gutted in her emotions and terrified of a return visit. Before daybreak she ventured out of her hiding place, quietly slipped out of the house, and headed back to the comparative safety of the Smith household.

Dr Tolmie, who had been supportive of John on previous occasions, recognized the complexity of Catherine's situation and he made arrangements for her. She was placed with the family of Edward Cridge, the HBC Chaplain in Victoria. During her time with them, she was largely involved in household chores. Whilst she gained some basic education during her time there, perhaps her unstable circumstances were not conducive to structured learning. She spent four years with the Cridges, returning to her father in 1860, at age 14.

Trial for treason

MEANTIME, in May 1856, a military commission assembled at Camp Montgomery for the trial of the Muck Creek Five. The location has interesting associations. Situated on the military road between Fort Steilacoom and Fort Walla Walla, Camp Montgomery was established on the Donation Land Claim of none other than John's acquaintance and fellow-Lewisman, John Montgomery. By this time, Montgomery had built a log cabin and a spacious barn on this site and his offer of the barn for the use of soldiers was accepted by Governor Stevens. Indeed it came to be a focal point for supplies and a military post of considerable importance. Here, complex legal proceedings relating to the case were now to be played out.

Two contentious issues came under scrutiny: that of the use of martial law; and also *habeas corpus*. The latter, which deals with the matter of lawful/unlawful detention, represented a core element of the American constitution; and, indeed, the case was subsequently described as the first civil rights crisis to hit Washington.

Leòdhasach a bh' ann an Iain MacPhàil cuideachd; agus cha b' fhada gus am biodh e mar mheadhan air tionndadh eile a thoirt mun cuairt ann an eachdraidh Iain 'Ain 'ic Iain.

Bha fear eile ag obair dhan Riaghaltas timcheall air Caolas Phuget aig an àm agus bha esan cuideachd gu bhith a' nochdadh ann an eachdraidh Iain fhathast, fear air an robh Daniel Mounts.

Tha beul-aithris an teaghlaich ag aithris gur e Catrìona, agus i air a fàgail leatha fhèin, an rud bu mhotha a bha a' dèanamh dragh dha Iain ann an teis-mheadhan seo. Cha robh sin gun adhbhar, leis cho sradagach agus a bha cùisean.

Thug an teaghlach Mac a' Ghobhainn Catrìona a-steach an latha a dh'fhalbh iad le a h-athair. Ach bha ise dèidheil air na beathaichean aca fhèin agus thill i dhachaigh airson sealltainn riutha. Fhad 's a bha i aig an taigh, nach ann a chual' i fuaim a' sìor thighinn nas fhaisge agus nas fhaisge; fuaim casan nan each. Rinn i cabhag suas chun lobhta, agus chaidh i air falach ann an cùil dhorch os cionn an t seòmair fuirich. Chitheadh i nu h-uiread tro sgàinean beag anns na logaichean; agus chuir an sealladh gaoir troimpe. 'S e na *Volunteers* a bh' ann. Laigh i mar luch agus iad a' cur an àite bun os cionn.

Bha còrr air 400 buiseal de ghràn san t-sabhal. Chuir iad teine ris, agus leum na lasraichean bhon chraos dhan adhar. Thòisich iad an uair sin a' marbhadh nam beathaichean. Cha do chaomhain iad bò bhainne an teaghlaich. Chaidh a marbhadh an làthair nam bonn; gheàrr iad i agus ròst iad a' chuid a b' fheàrr dhith, mar gum b' e cuirm a bh' ann. Spad iad gach cearc, muc agus cearc Fhrangach. Chaidh na bha a' gabhail àite air a beulaibh gu cridhe pàiste nan 10 bliadhna, dhan robh na beathaichean sin gu lèir mar phàirt dhen teaghlach.

Ach an uair sin, chual' Catrìona ceumannan air an àradh a bha tighinn suas chun lobhta. Bha a broilleach a' bualadh; agus cha ghabhadh i oirre a h-anail a tharraing. Thug an coigreach sùil dhan dorchadas; agus, gu h-iongantach agus gu mìorbhaileach, nach ann a chrom e air ais sìos an àradh. Chluinneadh i an uair sin an othail bho gu h-ìosal agus iad ag ithe agus ag òl; agus mar bu mhotha a bha an òl, is ann a b' àirde a' ghleadhraich. Thog i còmhradh mun taigh a chur na smàl. Chriothnaich sin i; ach an dèidh ùine mhòr, chual' i iad a' togail orra air falbh bhon àite. Ach cha ghabhadh i oirre gluasad agus i air a fàsgadh na cridhe. Deireadh na h-oidhche, dh'èalaidh i sìos agus shiolp i air falbh, air ais gu tomhas de shàbhailteachd còmhla ris an teaghlach Mac a' Ghobhainn.

Thug Uilleam Tolmie, a bha cho cuideachail dha Iain ron seo, an aire do shuidheachadh Catrìona; agus chuir e air dòigh gun deigheadh i còmhla ris an teaghlach aig fear Eideard Cridge, a bha na sheaplain aig HBC ann an Victoria. Fhad 's a bha i ann an sin, bha i a' dèanamh beagan searbhantachd ach bha i cuideachd a' faighinn beagan foghlaim, ged nach robh e furasta dhi a h-inntinn a chur ris an sin an dèidh na thachair rithe. Thug i ceithir bliadhna còmhla ris an teaghlach sin, mus do thill i gu a h-athair ann an 1860, aig aois 14.

Fo chasaid sa chùirt

ANNS A' CHÈITEAN 1856, chruinnich coimisean-cogaidh aig Campa MhicGumaraid airson *'Còignear Muck Creek'* a thoirt gu cùirt. Is ann air an rathad-airm eadar Fort Steilacoom agus Fort Walla Walla a bha an Campa seo, air fearann a bha caraid Iain

Catrìona NicLeòid/Mounts, nighean Iain 'Ain 'ic Iain. Bha
deichnear chloinne aig Catrìona agus Daniel Mounts, agus bha
meas mòr air an teaghlach sa choimhearsnachd.
*Catherine MacLeod/Mounts, John's daughter. She and her
husband, Daniel Mounts, had ten children, and they were a
highly respected family in their community.*

'Ain 'ic Iain, an Leòdhasach Iain MacGumaraid, air fhaighinn mar DLC. Bha esan air ceaban loga agus sabhal mòr a thogail agus bha an Riaghladair Stevens air gabhail ri tairgse bhuaithe an sabhal a chleachdadh airson na saighdearan aige. Seo far am biodh cùis gu math toinnte a-nis air a rannsachadh; agus bhiodh gu leòr aig ballachan an t-sabhail seo ri chluinntinn.

Thàinig dà chùis chonnspaideach fon phrosbaig: mar a bha lagh-cogaidh air a chleachdadh, agus *habeas corpus*. Is ann air laghalachd a bhith cumail dhaoine an grèim a tha *habeas corpus* a' bualadh, rud a bha aig cridhe bunreachd nan Stàitean; agus gu dearbh, thathas a' cumail a-mach gur e seo a' chiad chùis-èiginn mu chòraichean sìobhalta a thug brag air Washington.

Seach gun deach làn-iomradh air a' chùis a chur chun t-Seanaidh agus chun Cheann-suidhe, Franklin Pierce, ann an 1857, tha mion-chunntas air gach nì a ghabh àite thathast ri làimh. Agus cha robh dìth dràma air a' chùis. Cha mhòr nach deach casaid na feall-dùthcha an aghaidh nan Còignear às an t-sealladh leis mar a thàinig gnothaichean eile gu uachdar. Nam measg sin, thilg an Riaghladair Stevens britheamh a-mach às a chùirt fhèin agus chuir e an grèim e còmhla ris na tuathanaich; agus aig a' cheann thall, nach ann a chaidh càin de $50 air Stevens fhèin airson tàir-chùirt!

Chaidh a' chùis an aghaidh dithis den Chòignear a leigeil seachad cho luath agus a dh'fhosgail a' chùirt. Bha a' chasaid a-nis an aghaidh triùir. B' e sin: *'That Charles Wren, Lyon A. Smith, and John McLeod, between the 1st day of October, 1855, and March, 1856... were in the habit of giving aid and comfort to the Indians with which the United States were at that time at war...'* Thathas dhen bheachd gun robh beagan de dh'fhuil Innseanach ann an Teàrlach Wren; agus is ann an Alba a bha na freumhan aig Lyon ('Sandy') Mac a' Ghobhainn.

'S e casaid fìor-chudthromach a bha mu choinneimh an triùir. A rèir Còd Lagha nan Stàitean Aonaichte, *'whoever, owing allegiance to the United States, levies war against them or adheres to their enemies, giving them aid and comfort within the United States or elsewhere, is guilty of treason and shall suffer death, or shall be imprisoned not less than five years and fined under this title but not less than $10,000; and shall be incapable of holding any office under the United States'.*

Tha leudachadh air an t-suidheachadh aca ag ràdh:
'4th Specification.-In this: that on the 10th day of March, 1856, the said Lyon A. Smith, Charles Wren, and John McLeod were ordered by Isaac 1. Stevens, governor and commander-in-chief of the volunteer forces of Washington Territory, to retire from their land claims (situated in the country inhabited and infested by said marauding bands of hostile Indians, waging unlawful war against the United States), and to take up their residence, until the termination of Indian hostilities, in either the towns of Olympia or Steilacoom, or Fort Nesqually; that the said Smith, Wren, and McLeod did with draw from their said land claims, but afterwards, without authority or permission, returned to their homes to re-establish unlawful communication and intercourse with said hostile Indians, by relieving them with victuals and ammunition,

Since the Senate and President Franklin Pierce were fully apprised of the details of the matter the following year, it is possible to access detailed documentation of the trial, with all its twists and turns; and it had an abundance of these. The comprehensive details contained in these transcriptions give an insight into the drama at Camp Montgomery, with the charge of treason almost becoming a side-show as other events unfolded. These included a judge being ejected from his own court by Governor Stevens and being imprisoned along with the farmers; and then Stevens himself was eventually fined $50 for contempt!

Of two of the original five detainees, *'no notice was taken'*. The substance of the charge against the remaining three read: *'That Charles Wren, Lyon A. Smith, and John McLeod, between the 1st day of October, 1855, and March, 1856 . . . were in the habit of giving aid and comfort to the Indians with which the United States were at that time at war . . .'*. Like John McLeod, Lyon ('Sandy') Smith was of Scottish origin; and it is thought that Charles Wren may have been partly of American Indian extraction.

These three men now faced an extremely serious charge. According to the Code of Laws of the United States, *'whoever, owing allegiance to the United States, levies war against them or adheres to their enemies, **giving them aid and comfort** within the United States or elsewhere, is guilty of **treason** and shall suffer **death**, or shall be imprisoned not less than five years and fined under this title but not less than $10,000; and shall be incapable of holding any office under the United States'.*

An expansion of the situation states:

'4th Specification.-In this: that on the 10th day of March, 1856, the said Lyon A. Smith, Charles Wren, and John McLeod were ordered by Isaac I. Stevens, governor and commander-in-chief of the volunteer forces of Washington Territory, to retire from their land claims (situated in the country inhabited and infested by said marauding bands of hostile Indians, waging unlawful war against the United States), and to take up their residence, until the termination of Indian hostilities, in either the towns of Olympia or Steilacoom, or Fort Nesqually; that the said Smith, Wren, and McLeod did with draw from their said land claims, but afterwards, without authority or permission, returned to their homes to re-establish unlawful communication and intercourse with said hostile Indians, by relieving them with victuals and ammunition, and knowingly harboring, protecting, and holding correspondence with them.'

Among those who were called as witnesses in John's case was John McPhail. For his appearance in court, John McPhail received a fee, as did all who were called as witnesses. The sum of $2.25 was possibly more than McPhail had ever before earned in one day! His testimony creates a graphic snapshot of the way these Lewis exiles acted, and interacted, within their adopted community.

'John McPhail produced, sworn, and examined.-I was at McLeod's house on Christmas night. An Indian came in, and, soon after, others–nine in all. One always talked. McLeod asked the Indian about the way the war began–what occasioned the beginning. He said they (the whites) wanted to take the chief up to Olympia, and keep him there; they did not like that, and so they began the war. They were there more than two hours. There were four of us there–Jesse Varner, Angus McDonald,

and knowingly harboring, protecting, and holding correspondence with them.'

Am measg na chaidh an gairm mar fhianaisean ann an cùis Iain 'Ain 'ic Iain, bha Iain MacPhàil. Mar gach fianais eile, fhuair Iain MacPhàil tuarastal airson nochdadh sa chùirt. Bidh e dualtach nach robh MacPhàil air pàigheadh-latha cho mòr ri $2.25 fhaighinn a-riamh roimhe!

'John McPhail produced, sworn, and examined.-I was at McLeod's house on Christmas night. An Indian came in, and, soon after, others–nine in all. One always talked. McLeod asked the Indian about the way the war began–what occasioned the beginning. He said they (the whites) wanted to take the chief up to Olympia, and keep him there; they did not like that, and so they began the war. They were there more than two hours. There were four of us there–Jesse Varner, Angus McDonald, McLeod, and myself. I made out nine Indians. They came about twelve o' clock at night. We were playing cards; McDonald went to the door to get some fire-wood, and the Indians met him at the door. McDonald is now at Vancouver's island; he went there in January. We stopped playing cards while they were there. The Indians did no harm there, and went off. They stole nothing–I never heard of it. I was not present, or do not know of any other visits by Indians.'

Tha an fhianais seo a' toirt tomhas de dhol-a-steach dhan dòigh san robh na h-eilthirich gan giùlan fhèin sa choimhearsnachd san robh an dachaighean; agus tha e soilleir gun robh balaich Leòdhais cofhurtail gu leòr còmhla rin cuid nàbannan. Dìreach fon uachdar, tha seòrsa de mhac-talla ri chluinntinn den dòigh san deach an togail ann an eilean an àraich, le mothachadh air nàbachas agus urram dhan co-chreutair.

Thuirt fianais eil, fear Teàrlach Clute, seo:
'Went to Charles Wren's and stopped overnight. In the morning saw John McLeod; he said Indians came to his house and he gave them some potatoes.'

Agus a-rithist, tha blas caran 'Leòdhasach' air an seo, leis gun robh iad cleachdte ri bhith a' cumail rèidh ris na nàbannan agus a' roinn an rud a bh' aca riutha.

Thug fear Uilleam Caimbeul dealbh na fhianais fhèin air an t-saoghal leis an robh Iain 'Ain 'ic Iain a-nis air a chuairteachadh:
'I know nothing of my own knowledge in regard to either of these parties having afforded aid and comfort to the Indians; nothing but what I have heard at camp or from Indians; was at Wren's house and at McLeod's; saw Indian tracks back of McLeod's, on a little prairie, say three miles distant; the Indians had killed a beef; it was in the latter part of March, and the beef had been killed some four or five days before – in fact some of the meat was still there. That country would not be safe for me; hostile Indians were found within a few miles.'

Tha pàirt dhen fhianais a thug Lieut. Silas B. Curtis (a bh' ann an companaidh a' Chaiptein Maxon de na *Volunteers*) air a chlàradh:
'Do you know, of your own knowledge, of either of these defendants having aided the enemy?

McLeod, and myself. I made out nine Indians. They came about twelve o' clock at night. We were playing cards; McDonald went to the door to get some fire-wood, and the Indians met him at the door. McDonald is now at Vancouver's island; he went there in January. We stopped playing cards while they were there. The Indians did no harm there, and went off. They stole nothing–I never heard of it. I was not present, or do not know of any other visits by Indians.'

Underlying this account is something that is strongly reminiscent of the kind of neighbourly bonds and mutual respect that undoubtedly characterized the island communities where both Johns had started life.

Another witness, Charles Clute, states:

'Went to Charles Wren's and stopped overnight. In the morning saw John McLeod; he said Indians came to his house and he gave them some potatoes.'

Again, there is something of an echo of the background of John's youth about this action. In Garenin, sharing whatever one had with neighbours was the norm.

In a few brief sentences the evidence given by a William Campbell sketches a compelling picture of the lifestyle with which John McLeod was now surrounded:

'I know nothing of my own knowledge in regard to either of these parties having afforded aid and comfort to the Indians; nothing but what I have heard at camp or from Indians; was at Wren's house and at McLeod's; saw Indian tracks back of McLeod's, on a little prairie, say three miles distant; the Indians had killed a beef; it was in the latter part of March, and the beef had been killed some four or five days before – in fact some of the meat was still there. That country would not be safe for me; hostile Indians were found within a few miles.'

Part of the evidence of Lieut. Silas B. Curtis (of Captain Maxon's company Washington Territory volunteers) is recorded:

'Do you know, of your own knowledge, of either of these defendants having aided the enemy?
Ans. I know nothing but circumstantial evidence.
State what.
Ans. On the 20th of March I went up there, to McLeod's, with a wagon. Saw a potato hole there freshly opened, and moccasin tracks near it. McLeod was not there.'

As John set about opening a 'potato hole' on the western fringes of America, it is not difficult to imagine that he would have recalled turfing and opening a potato pit in his native Garenin!

Now, as the legal and political wrangling rumbled on, the martial law under which Stevens had attempted to try the farmers was discredited. His own officers decided that the prisoners should be turned over to the civil authority; and, since only circumstantial evidence was available, Stevens capitulated. Both the Territorial Legislature and the U.S. Senate subsequently condemned Stevens's actions, with the Secretary of State informing him: *'...your conduct . . . does not therefore meet with the favorable regard*

Ans. I know nothing but circumstantial evidence.
State what.
Ans. On the 20th of March I went up there, to McLeod's, with a wagon. Saw a potato hole there freshly opened, and moccasin tracks near it. McLeod was not there.'

Tha fios gun robh Iain 'Ain 'ic Iain, na òige anns Na Geàrrannan, mus fhaca e a-riamh Ameireaga, cleachdte gu leòr air a bhith a' cur sgrathan air slochd bhuntàta, agus ga fosgladh!

Leis gach connsachadh, laghail agus poileataiceach, a bha a' togail ceann, nach ann a thàinig e am bàrr nach robh seasamh bunaiteach aig an lagh-cogaidh leis an do dh'fheuch Stevens ris na tuathanaich a dhìteadh; agus cho-dhùin na h-oifigearan aige fhèin gur e an t-ùghdarras sìobhalta bu chòir cùis sam bith nan aghaidh a thogail. Seach nach robh fianais a ghabhadh a dhearbhadh aig Stevens, cha robh cas aige air an seasadh e; agus ghèill e. Aig deireadh na cùis, dhìt an Reachdas Dùthchail, agus Seanadh nan Stàitean Aonaichte, Stevens air son mar a làimhsich e an gnothach. Seo mar a thuirt Rùnaire na Stàit ris: *'...your conduct . . . does not therefore meet with the favorable regard of the President.'*

Mu dheireadh thall, fhuair na prìosanaich an saorsa:

'And now, June 5, 1856, after mature deliberation upon the foregoing evidence, and the arguments of counsel herein had, it is ordered by the commissioner that the said John McLeod and Lyon A. Smith be discharged from the custody of the The United States marshal, on the charge preferred in the affidavit herein filed; and that said defendants be allowed to go hence without delay.'

Bha an treas duine, Teàrlach Wren, air a shaorsa fhaighinn an latha ron siud.

Aig an àm, ghreimich a' chùis-lagha seo ri mac-meanmainn an t-sluaigh; agus, bhon uair sin, fhuair i àite ann am beul-aithris na sgìre. Tha sin aithnichte oir, gus an latha an-diugh, tha *Còignear Muck Creek* air an cumail air chuimhne. Gu dearbh, tha bòrd-cuimhneachaidh a tha a' dèanamh luaidh orra, agus air a bheil dealbh de dh'Iain 'Ain 'ic Iain, ri fhaicinn far an robh a' chrìoch eadar an DLC aig Iain 'Ain 'ic Iain agus Iain MacPhàil. Chaidh am bòrd a ghluasad uair no dhà ri linn tubaistean agus tha e a-nis an àirde air balla togalaich a tha faisg air an eaglais *'Bethany Lutheran Church'*.

of the President.'

Eventually, the detainees were allowed to return to their homes:

'And now, June 5, 1856, after mature deliberation upon the foregoing evidence, and the arguments of counsel herein had, it is ordered by the commissioner that the said John McLeod and Lyon A. Smith be discharged from the custody of the The United States marshal, on the charge preferred in the affidavit herein filed; and that said defendants be allowed to go hence without delay.'

The third accused, Charles Wren, had been discharged from custody the previous day.

At the time, it was a legal case which inflamed people's interest and imagination. Since then, it has entered into the folklore of the area. This is evident from the fact that *'The Muck Creek Five'* continue to be remembered to this day. Indeed, a plaque commemorating them may still be seen in the vicinity of the Bethany Lutheran Baptist Church which is situated on the approximate borders of the Donation Land Claims of John McPhail and John McLeod. Having been moved a couple of times due to mishaps, the plaque is now mounted on the wall of an out-building close to the church. Alongside the information relating to the *'Five'*, it displays a photograph of John McLeod.

7. NA LITRICHEAN

RUGADH IAIN MACPHÀIL a bha seo, a bha nis na nàbaidh aig Iain 'Ain 'ic Iain, ann an 1809 air Taobh Siar Leòdhais, ann an Siabost bho Dheas. Bha sin mu 6 no 7 a mhìltean tuath air Na Geàrrannan, far am buineadh Iain 'Ain 'ic Iain. Ghabh MacPhàil cùmhnant le HBC ann an 1832. Bha ainm aige mar fhear air nach robh mìr leisg ach a bha uaireannan trom air an deoch-làidir. Ann an tubaist a thachair bho chaidh e a dh'Ameireaga, chaill e gàirdean; ach, a dh'aindeoin sin, chùm e air ri tuathanachas gus an do chaill e a bheatha an luib tubaist eile ann an 1876.

Timcheall air 1854 ghabh e DLC aig Muck Creek. Tha an ràitheachan *'Olympian Genealogical Quarterly'* airson Iuchar 2012 a' sealltainn gun robh am fearann aige fhèin agus aig Iain 'Ain 'ic Iain an ath dhoras dha chèile, agus mun aon mheud. B' e Àireamh 43 a bh' aig Iain MacPhàil agus Àireamh 44 aig Iain 'Ain 'ic Iain; agus bha Teàrlach Wren, a thugadh gu cùirt còmhla riutha, aig Àireamh 37. Ann an cuid de na pàipearan oifigeil a' buntainn ris an seo, tha sloinneadh Iain sgrìobhte mar *'McCloud'*.

Ann an iomadach dòigh, bha an dà Iain glè choltach ri chèile; ach bha aon eadar-dhealachadh bunaiteach eadar an dithis. Bha beag no mòr de bhuntanas aig Iain MacPhàil ga cumail ris an àite às an do dh'fhalbh e. Ach bhon latha a dh'fhàg Iain 'Ain 'ic Iain Na Geàrrannan, bha na seachdainean air a dhol nam mìosan, agus na mìosan air a dhol nam bliadhnachan; agus cha robh guth a-riamh air a thighinn bhuaithe, no iomradh air bho dhuine eile. Cha robh aig na dh'fhàg e às a dhèidh ach an-fhois mun mhac, agus mun bhràthair, a theich cho cabhagach.

Mar sin, an uair a fhuair iad fathann gun tàinig litir gu cuideachd Iain MhicPhàil ann an Siabost agus i ag ainmeachadh Iain acasan, bha boil nach bu bheag air an teaghlach. Thog triùir bhràithrean Iain orra gun dàil a rannsachadh a' chiad iomradh air ann am fichead bliadhna.

Dhearbh na càirdean ann an Siabost gun robh aithris bheò air Iain 'Ain 'ic Iain; agus abair gun do rinn Na Geàrrannan greadhnachas ris an naidheachd. Ged a bha cnapan-starra an lùib na cùis, cho luath agus a fhuair iad fios mu càite an robh Iain chuir iad romhpa fios a chur thuige. Gu sealbhach, ghlèidh cuideachd Iain ann an Ameireaga mòran de na litrichean a chaidh a-null an Cuan Siar. Chan eil sgeul air gin a thàinig air ais.

Anns an 21[mh] linn, tha fiosrachadh a' siubhal air feadh an t-saoghail cho luath agus nach eil e furasta an liuthad bacadh a bh' orra uaireigin a bhreithneachadh, gu h-àraidh ann an eileanan agus ann an coimhearsnachdan dùthchail. Is fhiach an aire a thoirt do mar a bha a' chùis ann an Leòdhas. Ged a bha oifis-puist ann am baile Steòrnabhaigh bho 1756, agus ged a bha seirbheis-puist chunbhalach aca anns a' bhaile fhèin bho uaireigin sna 1840an, cha robh fo-oifis-puist air tuath Leòdhais gu 1855. Bha sin ann am Barabhas; agus is ann an an 1875 a fhuair Càrlabhagh fo-oifis.

Bha duilgheadasan eile ro theaghlach Iain cuideachd, mar chànan agus litearras. 'S e a' Ghàidhlig fhathast an cànan làitheil agus, ged a bha beagan Beurla aig cuid, cha robh fileantas aig mòran innte, no idir comas a sgrìobhadh. Ma bha duine airson litir a sgrìobhadh, dh'feumte sgrìobhaiche a lorg.

7. THE CORRESPONDENCE

JOHN MCPHAIL, who was one of the original '*Five*', and who was called as a witness at the trial, was born around 1809 in South Shawbost, on the west side of Lewis, some 6 or 7 miles north of John McLeod's native Garenin. In 1832 he had joined HBC. He was a man with the reputation of being a hard worker and a seasoned drinker. At some stage, he had lost an arm in what is thought to have been an agricultural accident but he continued to farm actively until his demise as the result of another accident in 1876.

Around 1854, he settled on a donation land claim, also along Muck Creek. Indeed the Olympian Genealogical Quarterly for July 2010 shows his land as being located next to John McLeod's claim, which was similar in size. McPhail's Donation Land Claim was Number 43; McLeod's DLC was Number 44; Charles Wren was nearby at Number 37. John's surname is in some formal sources, such as these, recorded as 'McCloud'.

As Lewis exiles and drinking friends, the two neighbours had much in common; but there was one significant difference between them. John McPhail had a measure of contact with the homeland they had left. John McLeod had none.

Consequently, back on the croft in Garenin the months had merged into years with nothing but a gnawing unease regarding the fate of their departed son and brother. So it was that, when word came to their ears that John McPhail's relatives in Shawbost had received a letter from North America in which his name was mentioned, it occasioned no small stir in Garenin. John's three brothers together hastened to Shawbost to investigate the first news of him in twenty years.

Confirmation from the Shawbost neighbours that John was indeed alive and well caused great excitement in Garenin. Notwithstanding the practical issues, as soon as they learned of his whereabouts they set about the business of making contact with John. Fortunately, McLeod family members on the American side preserved many of the letters that subsequently spanned the Atlantic. None of the correspondence that came to Garenin has survived.

In today's world of high-speed transmission of information, it is difficult to appreciate the constraints on communications in island and rural communities in a past age. The scale of the difference between then and now becomes clear with consideration of some historical realities. Whilst the town of Stornoway had a post office since 1756, and there was a fairly regular postal service within Stornoway in the 1840s, it was not until 1855 that the first sub-post office in rural Lewis was established. That was at Barvas. It was in 1875 that Carloway got a sub-office.

There were other practical problems as well of course; not least, the problems posed by language and literacy. In rural Lewis, Gaelic continued to be the everyday language and, although some had a degree of acquaintance with English, not many had a robust fluency in it, especially as far as writing was concerned. For letter writing, the assistance of a scribe who was competent in English was essential.

A fragment of the first letter sent from Garenin in the aftermath of the visit to Shawbost has survived and is dated 28 September 1857. It is a significant record of a landmark event. As far as its format is concerned, it is curious to note that there was no

'S e 28 Sultainn 1857 an ceann-latha a th' air a' chiad mìr de litir a dh'fhalbh bho theaghlach Iain. A thaobh dreach na litreach, tha e annasach nach eil cèis idir oirre. 'S ann a bha an duilleag sgrìobhte air a pasgadh agus bha an seòladh air a sgrìobhadh air cùl sin. Bha i an uair sin air a seulachadh le cèir. Cha robh stampa idir air sgeul. Tha an seòladh a bh' oirre cho sìmplidh agus gur gann gun creid saoghal an latha an-diugh e:

John McLeod
Nisqually Plains
U.S.A.
Northwest Coast of America.

Is ann an ainm Thormoid, am fear bu shine de na bràithrean a bh' aig an taigh, a tha an litir sin. Tha i sgrìobhte mar gum biodh esan air a deachdadh, ach tha e a' dèanamh soilleir gu bheil na bràithrean eile timcheall oirre còmhla ris. Is fhiach an aire a thoirt an dà chuid dhan fhiosrachadh a tha san litir agus cuideachd dhan stoighle sa bheil i air a sgrìobhadh. Ged a tha i stòlda, tha e ri aithneachadh nach eil faireachdainnean deuchainneach nam fichead bliadhna fad às. Tha fadachd innte agus i ag ainmeachadh *'the prospects of getting a letter to you and perhaps hearing from you.'* Is dòcha gu bheil beagan de mhì-chinnt air na bràithrean mu ciamar a dh'fhaodadh Iain a bhith air atharrachadh rè na h-ùine sin leis gu bheil Tormod ag ràdh: *'I hope you have not cast off all filial affection.'*

Tha facal beag cronachaidh san litir cuideachd: *'You have given many an uneasy night to your poor old mother by your continued silence. If she had known where to write to, you would have had many a letter from her.'* Tha mac-talla tiamhaidh an seo air doilgheas màthar airson mac caillte; ach tha facal misnich innte còmhla ri sin: *'I am glad to be able to state, however, that her health has improved greatly since she has heard that you are still alive.'* Cha do chuir Tormod crìoch air an litir gun iarrtas a chur innte gum freagradh Iain i, agus gum beachdaicheadh e air tilleadh dhachaigh: *'You can hardly conceive how glad we would be to have you back again. Conditions are better than when you left and you could easily find a place here. I hope you will inform us of this matter when you write. Also I would like to hear about the new country in which you are living.'*

Leis gur e 1857 an ceann-latha a th' air an litir seo, tha a h-uile coltas gur ann goirid an dèidh dhan chùirt-lagha a dhol seachad a thàinig litir a Shiabost bho Iain MacPhàil le iomradh air Iain 'Ain 'ic Iain innte.

Tha e glè choltach cuideachd gur ann bho thòisich litrichean a' tighinn às Na Geàrrannan a fhuair Iain deireadh na sgeòil a thòisich aig an taigh-staile shuas ris na creagan, rud a thug air a chasan a thoirt leis; agus cha b' ann mar a bha e an dùil a thionndaidh a' chùis a-mach. Cha tug an losgadh bàs dhan fhear a chaidh dhan lasair idir. Cho luath agus a thugadh a-steach dhan bhaile e, fhritheil na boireannaich dhan choigreach. Ghabh iad dha na leòintean aige le clobhdan agus ìm saillte, mar a b' fheàrr a b' urrainn iad; agus thug iad à ìnean a' bhàis e. Ged a dh'fhuiling e droch leòn, cha robh Iain 'Ain 'ic Iain air call beatha adhbharachadh idir.

envelope involved. Instead, the written pages were folded over and the address was written on the back of the fold. This was then sealed with wax. There is, of course, no postage stamp on it. The forwarding address is quite astonishing in its simplicity. It reads:

John McLeod
Nisqually Plains
U.S.A.
Northwest Coast of America.

This first letter was sent in the name of Norman, the oldest of the brothers who remained at home. Although written as if according to his dictation, he makes clear that the other brothers are sharing the composition with him.

The text, as it exists, is notable both in content and style. It is restrained in tone; and yet one can sense an undercurrent of pent-up emotion. There is anticipation at *'the prospects of getting a letter to you and perhaps hearing from you'*. There is a suggestion that there may have been an element of doubt lurking in their minds with regard to what changes the passage of time may have wrought in John: *'I hope you have not cast off all filial affection,'* says Norman.

This is followed by a blunt word of brotherly chiding: *'You have given many an uneasy night to your poor old mother by your continued silence. If she had known where to write to, you would have had many a letter from her.'* The echo of the original Gaelic words reverberates from this statement, articulating a mother's pain and grief for a lost son; but this is tempered with a reassurance: *'I am glad to be able to state, however, that her health has improved greatly since she has heard that you are still alive'.*

Before concluding the letter, Norman broaches the subject of the possibility of John returning; and he makes a plea for him to respond to the letter: *'You can hardly conceive how glad we would be to have you back again. Conditions are better than when you left and you could easily find a place here. I hope you will inform us of this matter when you write. Also I would like to hear about the new country in which you are living'.*

Dated 1857, this is the first firm evidence of any communication between John McLeod and his Scottish relatives. In view of this, there is a strong possibility that John McPhail's letter to Shawbost, which was the catalyst for the ensuing correspondence, had been written in the wake of the treason trial, or very shortly thereafter.

It is also highly likely that it was in the course of correspondence with Garenin becoming established that John McLeod eventually learned of the outcome of the brawl at the still on that fateful day so long ago. Having been taken from the still into the village, the womenfolk exercised all the caring skills they had to alleviate the victim's suffering, along with every means of nursing at their disposal. In reality, this probably amounted to constant vigilance and dressing his sores with rinsed rags smeared with preserved butter. And, slowly, the man responded to treatment. The intruder survived his injuries. Contrary to his own expectations, John McLeod's actions had not cost a man his life.

A' chiad duilleag de litir gu Iain 'Ain 'ic Iain bho bhràthair, Tormod,
leis a' cheann-latha 26 Màrt 1878.
The first page of a letter to John from his brother, Norman, dated March 26th 1878.

Gareuin January 13th 1870

My dear Kiel

We have the Highest Reason to be thankful to God that he has provided such Skillful Way so that we could Correspond to each other by Means of paper and pen and black though it is impossible to Speak face to face at the time. Though it is our request & our hearts desire to see ye personally

We are feel much oblige to you for your letter also we are exceeding glad that you have sent your Likenesses us for We were awful fond to get them and Many an eye will see it that will never see you personally for all your friends are coming from every quarter of the Island to see them for it is a famous Thing here

A' chiad duilleag de litir gu Catrìona bho bràthair a h-athar,
Murchadh, leis a' cheann latha 13 Faoilleach 1870.
The first page of a letter to Catherine from her uncle, Murdo, dated January 13th 1870.

8. A' GLUASAD AIR ADHART

AN UAIR A fhuair Iain a shaorsa bho Dhìteadh, chuir e aghaidh air an tuathanas aig Muck Creek a thoirt air adhart a-rithist. Chaidh taigh na b' fheàrr a thogail an àite a' chaibein-loga; agus chaidh an uair sin sabhal agus togalaichean eile a thogail; agus chaidh feansa a chuir air an fhearann. Ann an 1860, bha fichead each aige fhèin agus Kival-a-hu-la, agus bha a h-uile gin aca rin aithneachadh leis a' chomharradh *'JM'* – airson ainm fhèin. A thuilleadh air beathaichean agus bàrr, bha beagan glasraich aige ann an cur, agus bha lios-mheasan beag aige cuideachd.

Thill Catrìona gu a h-athair; ach cha robh i glè fhada còmhla ris. Anns a' Chèitean 1860, chaidh pòsadh Innseanach a dhèanamh eadar i fhèin agus fear Daniel Mounts, fear a bh' air nochdadh air iomall cùisean a h athar an uair a chaidh a chur an grèim. Bha Mounts air a thighinn siar bho Iowa ann an 1851. Ann an 1857, fhuair e dreuchd mar riochdaire dhan riaghaltas feadaraileach agus mar neach-teagaisg àiteachais far an robh na h-Innseanaich Nisqually a' fuireach. 'S ann ri linn na dreuchd seo a thàinig e fhèin agus Catrìona an lùib a chèile. Bha Mounts air a bheò-ghlacadh leatha; agus bha ise moltach air cho dòigheil agus a bha esan leis na treubhan Innseanach.

Mun àm seo, thàinig buaireas eile gu cagailt Iain. Dhealaich e fhèin agus Kival-a-hu-la mu 1860; agus goirid an dèidh sin, anns a' Ghearran 1861, phòs Iain tè Shasannach, Emma Kage (no *Kedge*). Cha b' fhada gus an deach cùisean gu math searbh.

'Caution. – Whereas my wife, Emma Kage, has left my bed and board without cause, notice is hereby given that I will pay no debts contracted by her. All persons are therefore cautioned against trusting her on my account.
John McLeod
Steilacoom,
March 7th 1861'

Nochd am fios seo anns a' phàipear-naidheachd *Puget Sound Herald*, a bh' air fhoillseachadh ann an Steilacoom, air 14 Màrt 1861. Is dòcha gun robh càirdean aig Iain am measg luchd-lagha bho àm na cùirt a bhiodh deònach agus comasach air a sheòladh le a chùisean. Biodh sin mar a bhitheas, chan eil mì-chinnt sam bith mu bhrìgh nam facal!

Thill Emma airson greis bhig an ath bhliadhna a-rithist; ach thàinig sgaradh-pòsaidh gu luath air sàil sin. Bha Kival-a-hu-la agus na balaich gu seo a' fuireach am measg nan Innseanach Puyallup.

An aon latha agus a nochd fios Iain sa phàipear, nochd fios còmhnard os a chionn mu phòsadh a bh' air àite a ghabhail goirid ron sin. Bha sin ag innse gun do phòs Catrìona NicLeòid agus Seonaidh Walmsley sa Ghearran 1861. B' àbhaist dha Walmsley a bhith na shaighdear agus is ann à Èirinn a bha e bho thus. Cha robh ach mu dhà sheachdain eadar pòsadh Catrìona agus pòsadh a h-athar. Dhan turas seo, 's e seirbheis-pòsaidh fhoirmeil tron deach Catrìona. Bha sin ann an taigh a h-athar, le fianaisean an làthair. Aig an àm, bha Dan Mounts air falbh bhon dachaigh agus e a' malairt chruidh.

8. LIFE MOVES ON

RELEASED from custody after his acquittal, John McLeod now resumed his farming back at Muck Creek. A substantial house replaced his log cabin; a barn, outbuildings and fencing were added. By 1860 he and Kival-a-hu-la owned twenty horses, all of which were branded with 'JM', his own initials. Besides livestock and crops, his enterprise was extended to include growing some vegetables; and a modest fruit orchard was also cultivated.

Catherine returned to her father; but not for long. In May 1860 she married Daniel Mounts in a traditional ceremony. This gentleman, who had come west from Iowa in 1851, had figured on the fringes of her father's life at an earlier date, when he had been apprehended and taken into custody. In 1857 Mounts had become a federal government agent and agricultural instructor for the Nisqually Indian Reservation. This appointment brought him into contact with young Catherine and he was clearly captivated by her. For her part, Catherine obviously appreciated the good rapport that he had with the Indian bands.

Meantime, John's personal life was in turbulence. He and Kival-a-hu-la parted around the turn of the decade. Not long afterwards, in early February 1861, John married an English woman by the name of Emma Kage (sometimes also recorded as 'Kedge'). It was a relationship which quickly became acrimonious.

'Caution. – Whereas my wife, Emma Kage, has left my bed and board without cause, notice is hereby given that I will pay no debts contracted by her. All persons are therefore cautioned against trusting her on my account.
John McLeod
Steilacoom,
March 7th 1861'

This announcement appeared on 14 March 1861 in the Puget Sound Herald, published in Steilacoom. It may be that, since the treason trial that had rocked the community some years before, John had friends in legal circles who would be willing to advise him in the matter of dealing with his problems. And, although there is some uncertainty regarding the precise form of Emma's surname, the substance of the wording is abundantly clear!

Emma did make a brief return early in the following year; but their divorce was then speedily expedited. By this time, Kival-a-hu-la and the boys had gone to live on the Puyallup Indian reservation.

On the same day that John's announcement distancing himself from Emma's debts appeared in the Puget Sound Herald, there appeared, immediately above it, intimation of a marriage that had recently taken place. This notice declared that, in February 1861, Catherine McLeod had married a John Walmsley. In fact, the two McLeod marriages had occurred within weeks of each other. On this occasion, Catherine had gone through a formal marriage ceremony, duly witnessed, in her father's house. Her new husband was an Irish immigrant and former soldier. At the time that this happened, Dan Mounts

Faodaidh gur ann le sùil ri gnothachas tuathanachais seasmhach a mhaoineachadh a bha e air falbh. An uair a bheachdaicheas duine air mar a ghluais cùisean an dèidh làimh, faodaidh teagamh èirigh mun ìre gus an robh gaol air cùl a' phòsaidh eadar Catrìona agus Walmsley.

Trioblaid agus togail

RÈ NAM BLIADHNACHAN, bha Iain air eòlas a chur air cearcall farsaing de chàirdean agus bha ainm aige a bhith aoigheil, dòigheil ann an cuideachd; ach leis gun robh e fhathast dèidheil air drùdhag bheag den stuth làidir bho àm gu àm, is dòcha nach eil e na iongnadh gun robh feadhainn ann a dh'fheuchadh ri brath a ghabhail air. Is dòcha gur e fear dhen t-seòrsa sin a bh' ann an Teàrlach McDaniels. Mas fìor na sgeòil, b' e beagan de dhroch isean a bh' ann am McDaniels. Gu dearbh, bha fathannan a' dol os ìosal gun do mhurt e fear a bha còmhla ris aig an òr. Bha beachd cuideachd gun robh e fhèin agus fear air an robh Andy Burge air a bhith ag obair air seann duine, a' cur theagamhan ann an inntinn an t-seann fhir mu dè cho tèarainte agus a bha a' chòir air an DLC aige. Chùm iad air gu ìre agus gun tug am bodach mu dheireadh thall grunn eich dhaibh, dìreach airson gun seachnadh iad e. B' e an dearbh Andy Burge seo a bh' air seirbheis-pòsaidh Catrìona a dhèanamh; agus b' e Teàrlach McDaniels am fianais a bha an làthair.

An robh cuilbheart air choreigin a' dol air adhart aig an àm a ghabh am pòsadh a bha seo àite? Chan eil teagamh nach robh fearann math torrach aig Iain agus is mathaid gun robh sin na chùis-fharmaid. Is dòcha gun robh farmad cuideachd ri Iain ri linn cho dòigheil agus a bha e fhèin agus na h-Innseanaich. Biodh sin mar a bhios, tha aon rud follaiseach: bha aonan ann a bha na dhearg nàmhaid dha Iain.

Ann an 1861 thàinig eilthireach Èireannach, air an robh Seumas Riley, an lùib Iain. B' e eòlas a bha seo air am biodh ceannach aig Iain. Bha mar thà casaidean airson droch ionnsaighean air an cur às leth an Èireannaich; agus bha a leithid a ghràin aig na h-Innseanaich air agus gun do ruaig iad e air falbh bhon DLC aige.

Anns an Lùnastal 1861, dh'innis am *Puget Sound Herald* mu oidhche de bhrùidealachd ann an taigh ann an nàbachd Iain. Chaidh Innseanach air an robh Scamooch a shàthadh gu bàs; agus dh'fhulaing Iain ionnsaigh fhuilteach. Bha an t-amharas airson gach cuid a' laighe gu trom air Seumas Riley.

Chan eil teagamh nach robh an deoch-làidir a' dol an oidhch' ud; ach cha b' e obair na dibhe a bha seo gu lèir idir. 'S e a bh' ann ach ribe carach. Chaidh Iain fhiathachadh chun an taighe agus a lìonadh le deoch gus an do shìolaidh a spionnadh agus a threòir. An uair a thrèig a neart e, thugadh ionnsaigh bhorb air. Fhuair e màlaich mun aodann agus mun cheann le cnap cloiche. Chaidh gabhail dha gus an robh a h-uile coltas gun robh an deò air fhàgail.

Chan eil cinnt dè bh' air cùl na thachair; agus cha deach Riley a dhìteadh airson dad dhen seo. Thug e a chasan leis a-mach às an sgìre; ach tha e soilleir nach do dhealaich e ri eucoir oir, ann an 1865, chaidh casaidean-murt a chur às a leth ann an King County.

Bha Seonaidh Walmsley anns an taigh ud an oidhche a chaidh Iain a phronnadh; agus tha e coltach gun do mhaoidh Riley airsan cuideachd. Thàrr Walmsley às agus shàbhail e a bheatha. Ach cha ghabhadh am pòsadh aige fhèin agus Catrìona NicLeòid a shàbhaladh. Gu dearbh, tha a h-uile coltas gun robh sin a' dol mu sgaoil aig an dearbh

An teaghlach Mounts ann an dealbh a chaidh a thogail mu 1895. Tha
Catrìona san t-sreath as fhaisge, an dàrna àite bhon làimh chlì, agus tha
an duine aice, Daniel, sa cheathramh àite. 'S e Iain 'Ain 'ic Iain a
th' anns a' mheadhan.
*The Mounts family in a photograph taken around 1895. Catherine is
in the front row, second from the left, with her husband Daniel fourth
from the left, and John in the middle.*

was spending some time away, trading in cattle. His absence may have been motivated
by an ambition to earn sufficient money to establish a secure farming business. When
subsequent events are taken into account, it raises the possibility that this development in
Catherine's domestic life may not have been rooted solely in romance.

Troubles with a silver lining

OVER THE YEARS, John had established a wide social circle for himself. But just as
surely as he had many friends, it appears that he was also not without his rivals. With his
affable nature, and his continuing fondness for an occasional tipple, he may have been
perceived as an easy target by the less scrupulous among his many acquaintances.

One of these was by the name of Charles McDaniels. Contemporary records portray
McDaniels as an unsavoury character; and indeed it was alleged that he had murdered
a former gold-mining partner. There were also reports that, along with an Andy Burge,
McDaniels had been party to harassing an elderly gentleman about the security of his
donation land claim, to the extent that they pressured the man into parting with a number
of horses as the price for being left in peace. It was this acquaintance of McDaniels, Andy
Burge, who had officiated at Catherine's marriage to John Walmsley; and the witness at
that ceremony was none other than Charles McDaniels. These 'coincidences' raise the
question of whether there was a darker design lurking in the backdrop to this marriage.

àm a thachair an ionnsaigh.

Mar sin, an uair a nochd Dan Mounts air ais, cha b' fhada gus an robh e fhèin agus Catrìona còmhla a-rithist; agus gu dearbh, chaidh casaid adhaltranais a thogail às a leth-san ann an 1861. Cha deach sin ro fhada; agus chuir Catrìona airson sgaradh-pòsaidh bho Walmsley ann an 1864. Ron sin, ann an 1862, rugadh nighean bheag dha Catrìona agus Dan. Thug iad Cairstiona oirre, a' chiad ogha dha Iain agus Màiri.

Ann an 1867, ghabh Catrìona agus Dan am bòidean-pòsaidh Innseanach às ùr; agus tha a h-uile coltas gun robh iad gu math sona. Thog iad deichnear a theaghlach. Bha iad a' fuireach faisg air beul na h-Aibhne Nisqually gus an d' fhuair iad tuathanas na bu mhotha aig Red Salmon Creek. Anns na 1890an, fhuair iad airgead-dìolaidh airson rathad-iarainn ùr a dh'fheumadh a dhol tron fhearann aca; agus ri linn sin, thog iad taigh mòr eireachdail a sheas fad iomadach bliadhna. Gu mi-shealbhach, chaidh e na theine ann an 1968.

An dèidh na màlaich a thug Riley air, bha Iain gu math ìosal. Is fhada a leanadh buaidh na h-ionnsaigh ris agus, air a' char a b' fheàrr, bha slighe fhada roimhe mus togadh e air. Ach is dòcha gun robh boillsgeadh de sholas air iomall an dorchadais seo. Anns a' chruaidh-chàs anns an robh e, nach ann a nochd Màiri ri a thaobh. Bha i eòlach air leigheasan traidiseanta nan Innseanach agus chuir i roimhpe Iain altram air ais gu slàinte. Còmhla ri sin, cha do thrèig spiorad na tapachd Iain a dh'aindeoin fulangais; agus eadar sin agus cùram Màiri, mean air mhean thàinig piseach.

Bha e fhèin agus Màiri a-nis còmhla aon uair eile; agus tha a h-uile coltas gun robh iad tuilleadh is toilichte a bhith ann an cuideachd a chèile. Bha oghaichean a' tighinn agus bha a' chlann nan cùis toileachais dhaibh. Tron ionnsaigh gharg a dh'fhulaing e, bha tionndadh eile, fear ris nach robh dùil, air a thighinn ann an saoghal Iain 'Ain 'ic Iain.

Tuiltean agus sgrios

CHAN EIL FHIOS dè an ùine a thug a' chiad litir a thàinig às Na Geàrrannan air an t-slighe, no dè a' bhuaidh a bh' aice air Iain. Is mòr na bh' air tachairt bho dhealaich e ri a theaghlach anns Na Geàrrannan. Faodar a bhith cinnteach gun do dhùisg i cuimhneachain agus gun do ghluais i aignidhean. Bha dòigh-beatha an fhir a bha uaireigin na mhac croiteir ann an Leòdhas a-nis na bu choltaiche ri saoghal a' ghille-cruidh, no 'cowboy'!

Ged nach robh Catrìona air àrd-fhoghlam fhaighinn na h-òige, bha i air aon rud feumail a thogail: dhèanadh i leughadh agus sgrìobhadh. Mar sin, an uair a thòisich litrichean a' tighinn às Na Geàrrannan, bha i comasach air an leughadh agus air am freagairt às leth Iain. Seach gun robh sin mar sin, bha e furasta gu leòr naidheachdan a chur bhon taobh thall chun na seann dachaigh. Agus ged nach eil ach aon taobh de sgeulachd nan litrichean air fhàgail, tha mòran fiosrachaidh ag èirigh àsta leis gu bheil iad mar mhac-talla de na chaidh innse bho thaobh eile a' Chuain Shiair. Mar sin, tha iad a' dèanamh luaidh air tachartasan agus a' toirt beagan eòlais air na caractaran a tha a' nochdadh annta agus air an t-saoghal san robh iad beò.

Tha ùine mhòr eadar cuid de na litrichean. Ann an tè gu math inntinneach leis an deit 25 Lùnastal 1866, tha Tormod, bràthair Iain, ag innse mu bhàs am màthar trì bliadhna ron sin, rud a tha fios a chuairticheadh Iain. Ach tha an litir seo cuideachd

Undoubtedly, the rich soil of John's land was lush and productive; and this did not go unnoticed by covetous eyes; and John's relaxed relationship with the Indians was also a source of envy for some.

Whether there was any conspiracy against John is debatable. But one thing is evident: John had a dangerous enemy. James Riley was an Irish immigrant, as was Catherine's new husband. Riley already had a criminal record for assault and battery and he was a man who was generally regarded as a scoundrel. Indeed he was so hated by the Indians that they had driven him off his Donation Land Claim.

In 1861 the paths of John McLeod and James Riley crossed, with far-reaching consequences. In August of that year, the Puget Sound Herald carried an alarming account of a night of violence at a house in John's neighbourhood. An Indian by the name of Scamooch had been stabbed to death; and John McLeod had suffered a vicious attack. The villain who was alleged to have the blood of both men on his hands was named as James Riley.

It was acknowledged that alcohol had been flowing freely on the night in question; but this seems to have been no drunken brawl. In reality, it appears to have been a cunningly calculated scheme. First, John McLeod was given a social invitation to a house; but once there, advantage was taken of his fondness for a drink and he was plied with an excess of it. This was a ruse to sap his legendary strength. Once his famously robust ability to resist was impaired through over-indulgence, he was then brutally attacked. John was submitted to a frenzied onslaught. He was repeatedly pounded about the face and head with a large rock. Incapable of retaliation, his face was battered almost to a pulp. Riley, allegedly, left him for dead.

Whether there was any sinister motive linking or underpinning this series of incidents is open to speculation. Riley was not convicted of either of these acts of brutality. He relocated soon afterwards but went on to face another murder charge in King County in 1865.

Also present at the house on the fateful night that John was assaulted was John Walmsley. Riley apparently threatened to murder him as well. That didn't happen and he survived. What did not survive was his recent marriage to Catherine McLeod. In fact it looks as if there was not much substance to it in the first place. Indeed, it looks as if the relationship was already disintegrating at the time of the onslaught on John.

Thus it was that, despite these recent developments, when Dan Mounts reappeared on the scene, his liaison with Catherine was resumed. This is evident as, in September 1861, Daniel Mounts was arrested and charged with adultery with Catherine, a charge which was eventually dropped. The following year, 1862, a daughter – Christina – was born to Catherine and Dan. Not long after, in 1864, Catherine filed for divorce from Walmsley.

In 1867 Catherine and Daniel repeated their Indian-style marriage commitment; and they appear to have had a long and prosperous relationship as they raised a family of ten. They lived and farmed near the mouth of the Nisqually River before going on to a larger project and home at Red Salmon Creek. In the 1890s they benefitted from compensation payment for the construction of a new railway line traversing their land. This enabled them to build a substantial homestead which became something of a local landmark. Sadly, it was burnt down in 1968.

a' toirt gu solas buille chruaidh eile a bh' air a thighinn air Iain na fhreastal.

'I am sorry to hear of the losses that you suffered by the storms of 1862 . . .' tha Tormod ag ràdh. Tha cunntasan sna pàipearan-naidheachd Ameireaganach bhon àm a' daingneachadh gun robh greis de fhìor dhroch aimsir air a bhith ann, le tuiltean mòra. Air 5 Dùbhlachd 1861, dh'aithris am *Puget Sound Herald*: *'Than that of the month just passed (November) there never was any weather in this country more disagreeable, if there ever was any half as bad. It has been more windy, more rainy, more haily, and more stormy generally, than any month in the last four years, to our certain knowledge.'*

Agus air 16 Dùbhlachd 1861, nochd an t-iomradh dealbhach seo mun aimsir san *'Overland Press'*, pàipear a bha stèidhichte ann an Olympia: *'The rain it raineth every day, and every night also -- week in and week out, from the rising of the sun to the going down of the same, there is nothing but rain, rain, rain. 'The windows of heaven are opened up.' Pluvius, grieved at some earth-giving wrong, weeps as if he never would dry up.'*

An toiseach, is dòcha gun do shaoil Iain gun robh an aimsir air tionndadh gu bhith caran coltach ri aimsir Leòdhais; ach cha b' fhada gus an do dh'fhàs cùisean teann. Thug an aimsir buaidh air earrann mhòr de iar-thuath Ameireaga. Chaidh na tuiltean a shamhlachadh ris an tuil a thàinig air an t-seann saoghal ann an latha Noah; agus 's ann mar *Noachian Floods* a chaidh an cumail air chuimhne. Am measg gach call a rinn iad, chaidh làrach a' chiad riaghaltais ann an Oregon, baile eachdraidheil Champoeg, a sgrios leis na tuiltean. Cha deach a-riamh ath-thogail.

Agus air sàil sin, chuir e sneachd. Air 26 Dùbhlachd, thuirt am *Puget Sound Herald*: *'This is said to be the most severe snowstorm in this county within the recollections of our oldest white settlers.'* Agus Latha na Bliadhn' Ùire 1862, bhuail an reothadh. Air 3 Faoilleach, dhùin an deigh earrann chudthromach dhen Cholumbia; agus air 8 Faoilleach, bha 20 òirleach de shneachd na laighe ann an Olympia. Sna sgìrean siar air beanntan nan Cascades, lean cùisean mar sin fad grunn mòr sheachdainnean. Agus thug sin a' bhuil air tuathanas Iain. Dh'fhulaing e call mòr na chuid stoc, crodh agus caoraich. Treun agus mar a bha e, eadar a h-uile buille a bh' ann, bha Iain 'Ain 'ic Iain a' faighinn a dhearbhadh.

Sùil air Na Geàrrannan

MAR A BHA na bliadhnachan a' dol seachad, tha na litrichean cudromach mar sgàthan air eachdraidh shòisealta, air gach taobh dhen Chuan, suas ri deireadh na 19ᵐʰ linn. Tha na h-iomraidhean à Leòdhas ag innse mu chor an teaghlaich, mun iasgach agus mu àiteachas; mu phrìs nan gnothaichean a bha bunaiteach aig an àm, mar mhin choirc agus min eòrna; agus tha an aimsir a' togail ceann gu minig.

Ann an litir le deit 20 Faoilleach 1870, seo mar a tha Tormod ag ràdh: *'There is no employment here, but we are going to Caithness to the herring fishing and by that we are paying the rents. We are getting from £4 to £6 pounds in 8 weeks there, but it is turning against us these years for the fishing is not successful. There is some working at the ling fishing but are doing very little at it. Ling is 9d each, cod 4d each. It was*

In the wake of the assault by Riley, John clung on to life. The extent of the damage he sustained was both extensive and long term. But perhaps there was a glimmer of a silver lining to the cowardly attack as it was in its aftermath that Mary came back into John's life. Mary was well-versed in the medical lore of her people and she now directed her skills to nursing her first husband back to health. And John McLeod was nothing if not a born survivor. With Mary's care and his innate resilience, he made a steady recovery. Gradually he came to embrace the future with his customary grit. And, having got together once again, he and Mary seem to have slipped comfortably into mature and mutual devotion. The role of grandparents to Catherine's expanding family now became an increasingly prominent part of their lives.

Deluge and destruction

DURING her formative years, Catherine's access to education may have been limited. Nevertheless, she was literate; and this was to be hugely advantageous both to her and to her father. How long that first letter sent to John from Garenin took to come into his hands is unknown. So is his reaction to it. It no doubt touched a raft of emotional chords with John, the one-time crofter whose lifestyle was now more in the mould of the cowboy. So much had happened since his hasty departure. But, courtesy of Catherine's literacy, sharing information now became relatively straightforward.

Although only one side of the trans-Atlantic correspondence is extant, the letters constitute a significant source of information. As they regularly echo events mentioned in the letters received, much can be gleaned from them and they afford an insight into matters on both sides of the Atlantic. On occasion, they focus on specific events; frequently, there are dazzling flashes of social insight; and, at times, they disclose surprising aspects of character and personality.

One interesting letter, in the name of John's brother, Norman, is dated 25 August 1866. In it he breaks the news of their mother's death, which had occurred three years earlier. No doubt the news would revive deeply emotional memories for John. But this letter is also enlightening regarding yet another cruel blow that providence had dealt John.

'I am sorry to hear of the losses that you suffered by the storms of 1862 . . .' says Norman. That there was a long spell of adverse weather, with floods followed by a lengthy freeze, is corroborated by the media of the time. On 5 December 1861, the Puget Sound Herald proclaimed: *'Than that of the month just passed (November) there never was any weather in this country more disagreeable, if there ever was any half as bad. It has been more windy, more rainy, more haily, and more stormy generally, than any month in the last four years, to our certain knowledge.'*

And on 16 December 1861 the 'Overland Press'– an early Olympia-based newspaper – waxed almost lyrical on the subject: *'The rain it raineth every day, and every night also -- week in and week out, from the rising of the sun to the going down of the same, there is nothing but rain, rain, rain. 'The windows of heaven are opened up.' Pluvius, grieved at some earth-giving wrong, weeps as if he never would dry up.'*

Such conditions may initially have stirred memories of once-familiar conditions for

not so dear as that for a long time back.'

Sia bliadhna an dèidh sin, air 12 Faoilleach 1876, tha Tormod a' leudachadh air cor an eilein agus cosgaisean aig an àm: *'I pay £3 of annual rent. I have five beasts of cattle – two cows and three stirks. A few sheep with that. Last year, I bought twelve bolls of meal at £1.4/- Sterling each, but we should be thankful to God that we are not so scarce this year. I hope that we will not buy a dust. I am going every year to the Caithness fishing as hired man and that helps me in paying the rent.'* Anns an 21[mh] linn, tha croitear sa chumantas a' pàigheadh mu £6 air màl croit; agus ma choimeasar sin ris an t-suim a bha ri phàigheadh ann an 1876, chan eil teagamh nach robh a' chosgais trom dha-rìribh orra.

'S ann air duilgheadas sgrìobhaiche a lorg a tha litir 25 Dùbhlachd 1873 a' bualadh: *'We got your letter in the summer, but we could not write to you then, as the one who used to write for us is dead. He died shortly after getting married. He was a son of Donald Mackenzie. He only survived his marriage two months. Our friend in Shawbost – Donald Angus MacAulay's son – was away at college and we waited till he came home.'*

Tha e follaiseach gun robh a' cheist mu sgrìobhaiche a' leantainn na dhùbhlan, leis an duilgheadas a' nochdadh a-rithist air 1 Giblean 1886: *'You take my excuse in bad writing and bad English. It was Norman McLeod John Kenneth's son the Clark and he didn't get much English and he was sending his best respects to you.'*

Thòisich teaghlach Iain a' compàirteachadh san sgrìobhadh. Mu 1870, tha litrichean a' tighinn às Na Geàrrannan a tha a' tòiseachadh le *'My Dear Niece'*; rud a tha a' sealltainn gun robh Catrìona a' sgrìobhadh gu cuideachd a h-athar na h-ainm fhèin. Uaireannan, 's e *'Cate'* a th' oirre sna litrichean sin. Chan eil e soilleir an robh i fhèin air an t-ainm a chleachdadh mar sin no nach robh. An uair sin, san Fhaoilleach 1876, tha litir bho Pheigi, piuthar Iain, far a bheil i a' toirt taing do *'dear niece Christina'* airson sgrìobhadh. Tha seo ag innse gun robh ogha Iain a' gabhail ùidh sa chùis cuideachd.

Chithear ann am pàipearan-naidheachd nàiseanta bho dhara leth na 19[mh] linn gun robh iomradh air a' bhochdainn ann an Leòdhas a' dol fad is farsaing. Ach is dòcha nach eil doimhneachd na cùis cho drùidhteach aig àm sam bith agus a tha e an uair a sgaoileas bràthair a dhòrainn mu choinneimh bràthar eile. Bha tomhas de dhìth na slàinte air Dòmhnall, fear de na bràithrean a b' òige, fad iomadh bliadhna agus bha e gu ìre mhòr ann an eisimeil chàich. Tha litir na ainm, leis an deit 11 Cèitean 1875, a' cur an cèill dha Iain cho buileach dìblidh agus a tha a chor: *'I was with Murdo till his own family got strong and he had no need of the little help I could afford to him. So then I am in a little place by myself. He and his wife were very hard on me and shut every comfort on me I could procure in their company, so that I had nothing in my power to do but leave them. I have now one bright hope and that is in you yourself that you will help me out of thine own means and according to thy power . . . . . Hoping that you will mind me in my sore distress.'*

Tha a h-uile coltas gun robh Dòmhnall air aon den fheadhainn a th' air an ainmeachadh ann an cuid de dh'àireamhan-sluaigh bhon 19[mh] linn mar *'paupers'*; no

Caibean-loga anns an robh Iain a' fuireach aig aon àm, air an fhearann aige faisg air Muck Creek. Tha dithis de bhalaich Catrìona agus caraid dhaibh air beulaibh an taighe.

A log-cabin where John once lived on his land bordering Muck Creek. Two of Catherine's sons and a friend are standing in front of the house.

one who had started life in Lewis! The situation, however, soon became grim, with a vast swathe of the Northwest affected. Amidst other destruction, the site of the first provisional government in Oregon, the historic town of Champoeg, was destroyed in floods that came to be described as the Noachian Deluge. It was not rebuilt.

Next came the snow. On 26 December, the Puget Sound Herald reported: *'This is said to be the most severe snowstorm in this county within the recollections of our oldest white settlers.'* Then, on New Year's Day 1862, the big freeze set in. By January 3 the Columbia River was blocked upstream by ice; and by 8 January there were 20 inches of frozen snow on the ground at Olympia. To the west of the Cascades Range, these conditions prevailed for several weeks; and they took their toll on John's farming enterprise. He suffered devastatingly heavy losses to his stock of sheep and cattle. Stalwart as he was, John was being rigorously tested on a series of fronts.

Spotlight on Garenin

AS THE YEARS PASS, although there are sometimes long gaps in the correspondence, the letters that were so carefully preserved on the American side of the Atlantic are significant as social history in that they reflect life both in Garenin and in Oregon in the late nineteenth century. From the Hebridean side, besides sharing family news, they focus on a wide range of issues such as the volatile world of the fishing industry, the success (or otherwise) of crops, the cost of staple goods such as oatmeal and barley meal, and – of course – the weather!

Dealbh de Iain 'Ain 'ic Iain a chaidh a thogail mu 1880, nuair a bha
e sna trì-ficheadan.
A portrait of John, taken about 1880 when he was in his sixties.

In a letter dated 20 January 1870, Norman declares: *'There is no employment here, but we are going to Caithness to the herring fishing and by that we are paying the rents. We are getting from £4 to £6 pounds in 8 weeks there, but it is turning against us these years for the fishing is not successful. There is some working at the ling fishing but are doing very little at it. Ling is 9d each, cod 4d each. It was not so dear as that for a long time back.'*

Six years later, on 12 January 1876, Norman expands on crofter rent and economic circumstances at the time: *'I pay £3 of annual rent. I have five beasts of cattle – two cows and three stirks. A few sheep with that. Last year, I bought twelve bolls of meal at £1-4/- Sterling each, but we should be thankful to God that we are not so scarce this year. I hope that we will not buy a dust. I am going every year to the Caithness fishing as hired man and that helps me in paying the rent.'* Bearing in mind that in the twenty-first century the rent for an average croft may cost around £6, the sum that needed to be raised for rent in 1876 was unquestionably burdensome.

The letter of 25 December 1873 also highlights the challenge of being able to access the services of a scribe: *'We got your letter in the summer, but we could not write to you then, as the one who used to write for us is dead. He died shortly after getting married. He was a son of Donald Mackenzie. He only survived his marriage two months. Our friend in Shawbost – Donald Angus MacAulay's son – was away at college and we waited till he came home.'*

Indeed, this seems to have been an ongoing problem as on 1 April 1886 Norman says: *'You take my excuse in bad writing and bad English. It was Norman McLeod John Kenneth's son the Clark and he didn't get much English and he was sending his best respects to you.'*

Soon, John's family became actively involved in the correspondence, participating in it personally. By 1870 letters were arriving from Garenin with the salutation 'My dear Niece'. This indicates that Catherine was writing to her Scottish relatives in her own name. Occasionally she is addressed as *'Cate'* in the letters. Then by January 1876, there is a letter from John's sister, Peggy, thanking *'dear niece Christina'* for her letter. In all likelihood this is a reference to John's granddaughter, who had probably written to her grandaunt in Garenin. Sometimes Christina is referred to as *'Chirsty'*.

The ravages of destitution in Lewis in the latter half of the nineteenth century are well-documented in national newspapers of the day; but perhaps they are rarely as eloquently voiced as in a plea from one brother to another. On one occasion the correspondence articulates a heart-felt appeal, highlighting the precarious providence of the less fortunate in society. One of John's younger brothers, Donald, had been in indifferent health for many years and had been largely dependent on other family members. One of the few letters ascribed to him is dated 11 May 1875 and it lays bare Donald's impoverished circumstances. *'I was with Murdo till his own family got strong and he had no need of the little help I could afford to him. So then I am in a little place by myself. He and his wife were very hard on me and shut every comfort on me I could procure in their company, so that I had nothing in my power to do but leave them. I have now one bright hope and that is in you yourself that you will help me out of thine own means and*

mar a chuireadh a' Ghàidhlig e – dìol-dèirce.

Anns a' chairteal mu dheireadh dhen linn sin, bha daoine san eilean air am feuchainn gu an cùl le bliadhnachan de dhroch aimsir, an dà chuid sa gheamhradh agus as t-fhoghar. Seo mar a chaidh a' chùis a mhìneachadh dha Iain sa Mhàrt 1879: *'We had a wonderful falls of snow this year. No persons that is now alive say that they did not see the like – and every beast that a man had was kept in the houses at that time. It remained for 10 or 11 weeks in winter.'*

Agus san Dàmhair 1882, tha inneas air stoirm mhillteach as t-fhoghar: *'On Sabbath the first day of this month, this country was visited with a storm of great fury which carried away a great deal of our corn. As my corn, like that of the most of my neighbours, was lying loose on the ground, it was all swept away by the violence of the gale so that nothing has been left.'*

Tha taobh soisgeulach a' nochdadh ana litrichean às Na Geàrrannan an ìre mhath tric. Seo mar a tha tè le deit 31 Dàmhair 1876 a' dùnadh: *'May the Lord Jesus Christ help you and us to cast ourselves on the mercy of Him who will in no wise cast away any that will come to Him for He is the only way to Heaven.'* Tha e coltach gun robh dùsgadh spioradail a bha iomraiteach ann an Càrlabhagh ann an 1859. Bha sin agus an t-Urramach Iain MacIlleathainn, a rugadh ann an Ìle, na mhinistear san sgìre. Ann an 1864, thàinig an t-Urramach Iain MacRath às a dhèidh. Tha cuimhne airsan mar *'MacRath Mòr'*; agus bha fèill mhòr air mar shearmonaiche.

Aig amannan, tha an dòigh sa bheil facail air an cleachdadh caran annasach ann an cluasan na 21^{mh} linn. Ann an litir gu Catrìona san Fhaoilleach 1870, tha sinn a' leughadh: *'Population is double and more and as the people is so thronged, it is difficult to come up though price of sheep and cattle is better and fish is dearer . . . . The Governor's delight is the big sheep and the deer so he is desolating the place with that, and that is the reason of their throngness.'* Tha e soilleir gur ann air mar a bha àireamh an t-sluaigh a' sìor dhol an lìonmhorachd a tha seo a' bualadh, rud a bha na fhìor thrioblaid air tuath Leòdhais san dara leth den 19^{mh} linn. Còmhla ri sin, cha b' e math an t-sluaigh a bh' aig na h-uachdarain idir san amharc.

Ann am mòran de na litrichean, tha dùrachdan bho chàirdean agus bho choimhearsnaich a' dol gu Iain. Grunn thursan, tha fiosan a' dol thuige bhon *'dummy'*, no *'doomy'*. Chan eil e cleachdail cainnt mar sin a chluinntinn an-diugh; ach chan eil ann ach eadar-theangachadh air facal Gàidhlig – *'balbhan'* – nach eil a' ciallachadh smal sam bith. Bha *'Am Balbhan'* a' fuireach an ath dhoras dha teaghlach 'Ain 'ic Iain anns Na Geàrrannan. Tha e faicsinneach bhon litir leis an deit 25 Dùbhlachd 1873 gur e co-ogha dha Iain a bh' ann: *'All your Uncle Donald's sons are alive except the dummy. He was drowned cutting seaweeds in Drudiga.'* Tha fios gum biodh deagh chuimhne aig Iain 'Ain 'ic Iain air *'Drudiga'*. Cha b' esan an aon bhalbhan a bha sa choimhearsnachd seo, oir tha iomradh air fear eile a bha fhathast beò agus a' cur dhùrachdan gu Iain san Fhaoilleach 1876.

Còmhla ris gach annas cànain a tha a' togail ceann, tha Tormod ag ràdh ri Catrìona sa Mhàrt 1879: *'I am jolly to hear that your old father is still alive . . . .'* Is dòcha gu bheil *'jolly'* a' nochdadh leis cho coltach agus a tha fuaim an fhacail ri *'toilichte'*!

according to thy power . . . . . Hoping that you will mind me in my sore distress.'

It looks as if Donald may have slipped into the category of personnel which some of the censuses of the nineteenth century crudely label *'paupers'*.

During the last quarter of the nineteenth century, numerous bad harvests added to the tribulations in Lewis. Difficult weather conditions compounded people's distress. In March 1879, John is informed: *'We had a wonderful falls of snow this year. No persons that is now alive say that they did not see the like – and every beast that a man had was kept in the houses at that time. It remained for 10 or 11 weeks in winter.'*

Then in October 1882, an autumn storm had destructive results: *'On Sabbath the first day of this month, this country was visited with a storm of great fury which carried away a great deal of our corn. As my corn, like that of the most of my neighbours, was lying loose on the ground, it was all swept away by the violence of the gale so that nothing has been left.'*

The letters from Garenin frequently contain comments of an evangelistic nature. A letter dated 31 October 1876 concludes with the words: *'May the Lord Jesus Christ help you and us to cast ourselves on the mercy of Him who will in no wise cast away any that will come to Him for He is the only way to Heaven.'* These Gospel overtones may well reflect the fact that, in 1859, Carloway saw a spiritual revival which has been described as 'memorable'. This was during the ministry of the Islay-born Rev John Maclean. In 1864 he was succeeded in Carloway by Rev John Macrae, widely known as *'MacRath Mòr' ('Big Macrae'),* who was also renowned as a compelling Gospel preacher.

Perhaps it is natural that from time to time the language used sounds quirky to modern ears. In January 1870, Catherine is told: *'Population is double and more and as the people is so thronged, it is difficult to come up though price of sheep and cattle is better and fish is dearer . . . . The Governor's delight is the big sheep and the deer so he is desolating the place with that, and that is the reason of their throngness.'* This is clearly an allusion to the overcrowding that resulted from the steady rise in the population of Lewis in the latter half of the nineteenth century.

Many of the letters include good wishes from relatives and others in the community. On a number of occasions they mention that the *'dummy'*, or *'doomy'* is sending his good wishes. This phrasing may sound harsh in today's politically correct world but it is in fact an innocuous translation from the perfectly acceptable Gaelic word – *'balbhan'* – indicating a deaf-mute. The gentleman known as *'Am Balbhan'* lived next door to the McLeods in Garenin. He was apparently a first cousin of John as a letter dated 25 December 1873 remarks, *'All your Uncle Donald's sons are alive except the dummy. He was drowned cutting seaweeds in Drudiga.'* John would doubtless have recognized the local landmark indicated here.

It is evident that there was another deaf-mute in the Garenin community as well, also by the name of John Macleod, as in January 1876 he is included with others who are sending good wishes to their former neighbour.

In another rather quaint turn of phrase, Norman, in March 1879, tells Catherine: *'I am jolly to hear that your old father is still alive . . . .'* Perhaps *'jolly'* is an echo of the Gaelic word *'toilichte'*, meaning *'happy'*.

9. A' STREAP SUAS
ANN AM BLIADHNACHAN

CHA ROBH dol seachad nam bliadhnachan a' cur tulg san spionnadh a bh' ann an Iain 'Ain 'ic Iain airson feuchainn air dùbhlain às ùr. Dh'fheuch e, an cuideachd feadhainn eile, ri muileann chlòimhe a stèidheachadh. Cha do shoirbhich leotha. Chithear bhon litir a thàinig bho a bhràithrean san Dùbhlachd 1873 gun robh e air seo innse dhaibh oir tha iad ag ràdh: *'We are very sorry that you have lost so much of your money in the Woolen Factory or Mill, and that your horses suffered so much from disease.'* Dh'fheuch e air pròiseact eile, *'Leasachadh Baile Nisqually' (Nisqually City Development),* far an robh e ag obair còmhla ri Dan Mounts; ach cha do shoirbhich leis an seo a bharrachd.

Ann an 1889, chaochail Màiri. Bhon àm sin, bha Iain a' cur a thìde seachad eadar dachaigh Catrìona agus a dhachaigh fhèin, far an robh ogha dha a' fuireach a-nis cuideachd. B' e sin John Mounts, an t-ogha a bh' air ainmeachadh an dèidh a sheanar.

Mun àm seo, bha rudan eile a' tachairt a bha a' cur tomhas de sgleò air an sgìre. Anns an Ògmhios 1889, rinn teine call mòr ann an Seattle, a bha faisg air làimh. Sgaoil an teine air feadh 120 acair fearainn agus sgrios e prìomh sgìre gnothachais a' bhaile sin, a thuilleadh air cidheachan agus rathad-iarainn. Gu sealbhach cha robh mòran de chall beatha na chois; ach bha e air a ràdh gun do ghlan an teine am baile de radain leis gun do chuir e às do chòrr is millean dhiubh a bh' air a bhith ag àlachadh sna sàibhearan!

Gu h-annasach, sna trì no ceithir bliadhna an dèidh sin, bha Caolas Phuget air ainmeachadh sna meadhanan mar *'the boomingest place on earth'* leis gun robh an eaconomaidh a' dol bho neart gu neart, agus leasachaidhean agus obair togail a' buannachd.

Ach cha do sheas sin. Cha b' fhada gus an tàinig clisgeadh san eaconamaidh; agus air 5 Cèitean 1893, thug margadh nan earrannan brag. Sgaoil an t-eagal eaconomach mar ghalar gabhaltach. Dh'fhàilnich na ceudan bhancaichean air feadh farsaingneachd nan Stàitean. Ann an aon bhliadhna, chaidh aon deug de bhancaichean ann an Seattle à bith. Bha Caolas Phuget an urra ri bhith a' cur bathar chun ear agus air falbh gu dùthchannan eile; ach a-nis chaill na mìltean an cosnadh.

Sheas an crìonadh ceithir bliadhna. Mun àm a thàinig an tionndadh, ann an 1897, bha Iain 'Ain 'ic Iain a' streap suas ann am bliadhnachan. Bha e air a chuid fhèin de amannan math agus olc fhaicinn; ach fhad 's a chùm an cothrom ris, bu mhath leis a bhith a' dol mun cuairt air na raointean far an robh e eòlach, agus bhiodh fàilte aig luchd-eòlais dha.

Soraidh slàn leis an laoch

THÀINIG an gairm deireannach gu Iain deireadh a' Ghiblein 1905. Ach ron sin, thug e cùis-smaoineachaidh dha na bhuineadh dha. An uair a thug an anfhannachd air

9. THE LATER YEARS

MEANTIME, despite advancing in years, John continued to have the stamina to embark on other ventures. Along with a group of associates, he attempted to establish a woollen mill. It turned out to be a bad investment. He had clearly shared news of this with his brothers as the response in their letter of 25 December 1873 from Garenin states: *'We are very sorry that you have lost so much of your money in the Woolen Factory or Mill, and that your horses suffered so much from disease.'* In another project, John began working with Dan Mounts in association with Nisqually City Development; but this was not successful either.

In 1889, Mary passed away. From now on, John divided his time between Catherine's place and his own home, which he was now sharing with his grandson who was named after him – John Mounts.

Around this time too, external events were unfolding and casting their shadows over the region. In nearby Seattle, the Great Fire of 1889 destroyed the central business district. But, strangely, the next three or four years saw the Puget Sound region being called in the media *'the boomingest place on earth'* as its economy went from strength to strength, with development and construction forging ahead.

The boom was followed by a phenomenon with a strangely modern ring: on 5 May 1893 the stock market in New York tumbled. Economic panic set in. Across the States, hundreds of banks failed. In one year, 11 Seattle banks went out of business. Dependent as it was on exporting to the east and overseas, unemployment in Puget Sound soared. The depression lasted for four years. By that time, 1897, John was well past his prime. He had seen his share of undulating fortune; and, as long as his health held out, he continued to be a well-known figure on the prairies of his adopted homeland.

Journey's end – and the enigma continues

THE FINAL call came for John on 29 April 1905, just days short of his ninetieth birthday. Prior to his decease, however, he had given family and friends food for thought. When he became confined to bed through infirmity, it is said that he indicated to his grandchildren that he had only three weeks left on earth. After a week, he confirmed this by announcing, *'Only two more weeks.'* After another week, he reaffirmed his conviction by declaring, *'Only one more week.'*

And so, with perfect precision, it transpired; and the frail octogenarian who had fled Garenin as a young man left behind him a large network of descendants to mourn their patriarch. Rev. A.H. Barnhisel, minister of the First Presbyterian Church, conducted his funeral service. John was then buried in the Stonemasons' Cemetery at nearby Steilacoom.

He also left behind intriguing questions regarding his prediction about his demise. Even amidst his frailty, John retained his capacity for intrigue. Did he have

fuireach na leabaidh, tha e air aithris gun tuirt e ri a chuid oghaichean nach robh aige ach trì seachdainean air fhàgail air thalamh. An ceann seachdain, dhaingnich e seo le a ràdh riutha, *'Only two more weeks.'* Agus an ceann seachdainn eile, dhaingnich e an dearbh rud a-rithist dhaibh le a ràdh, *'Only one more week.'*

Agus sin mar a thachair, còmhnard mar a thuirt e. An e manadh a bh' aige, no rud air choreigin eile? Cò is urrainn a ràdh . . . Chaochail e air 29 Giblean 1905, gun e ach beagan làithean goirid air 90 bliadhna a dhùnadh. Dh'fhalbh an tiodhlacadh bho a dhachaigh fhèin agus chaidh adhlacadh ann an Cladh nan Saor-chlachairean aig Steilacoom, leis an Urramach A. H. Barnhisel, a bha na mhinistear sa Chiad Eaglais Chlèirich, an ceann na seirbheis.

Air Sàbaid 30 Giblean 1905, nochd iomradh-bàis air a shon san *'Tacoma Ledger'*. Chrìochnaich e leis na facail seo:

'In the death of John McLeod, the State of Washington loses not only a man who watched the growth of the Northwest from its very beginning, but its distinctive pioneer. At the time of his death, Mr McLeod had lived here longer than any other white man.'

'S e pàipear-naidheachd a bh' air fhoillseachadh gach latha eadar 1883 agus 1937 ann an Tacoma, Washington, a bha san *'Tacoma Ledger'*. Ann an 1905, bha àireamh-sluaigh a' bhaile sin mu 60,000. Tha cùisean air atharrachadh gu mòr bhon uair sin; an-diugh, tha àireamh an t-sluaigh sa bhaile suas ri 200,000, agus is e Tacoma treas bhaile na Stàit, ainmeil airson port-adhair mòr eadar-nàiseanta Seattle-Tacoma no, mar a tha e gu cumanta air ainmeachadh, *Sea-Tac*. Anns an 19^{mh} linn fhuair Tacoma am far-ainm *'City of Destiny'*. Is e a b' adhbhar dhan sin gun do thagh an companaidh-rèile *North Pacific Railroad* e ann an 1873 mar a' phrìomh cheann-uidhe a bhiodh aca air taobh siar Ameireaga.

Bha a-nis turas Iain 'Ain 'ic Iain bhon t-Sìthean gu a cheann-uidhe fhèin san *City of Destiny* seachad. Bha e air a bhith san sgìre seo fad 67 bliadhna. Ach chun an latha an-diugh, tha iomradh beòthail air fhathast ann am beul-aithris Chaolas Phuget.

Ann an 1833 stèidhich HBC Fort Nisqually. B' e sin a' chiad tuineachadh Eòrpach ann an sgìre Chaolas Phuget. Bha e suidhichte os cionn Abhainn Nisqually, far a bheil baile DuPont a-nis. An-diugh, chithear ath-chruthachadh inntinneach de Fort Nisqually ann am Point Defiance Park ann an Tacoma. Chaidh am pròiseact seo a chur a dhol an uair a bha an Crìonadh Mòr air feadh Ameireaga, mu cheud bliadhna an dèidh dhan chiad Fort a dhol an àirde. Is ann airson obair a chruthachadh a thòisich an Riaghaltas am pròiseact. Bha mòran den t-seann Fort air crìonadh no air tuiteam às a chèile; ach chaidh an sìol-lann agus Taigh a' Mhaoir a shàbhaladh agus an gluasad gu Point Defiance. Chaidh an uair sin grunn thogalaichean eile a chur ris an sin airson an t-àite a dhèanamh cho coltach agus a ghabhadh ris mar a bha cùisean san 19^{mh} linn.

'S e an seòrsa aodaichean a bhuineadh dhan linn sin leis am bi an luchd-obrach agus an luchd-cuideachaidh air an sgeadachadh gus an saoil luchd-tadhail gu bheil iad air ais ann an linn a dh'fhalbh. Bidh iad a' measgachadh leis an luchd-tadhail agus a' toirt fiosrachaidh dhaibh tro chòmhradh, òraidean, agus taisbeanaidhean de

some kind of omen? Or was it a premonition? Whatever may have been the basis for his confident assertion, one feature of the life of Iain 'Ain 'ic Iain remained constant to its very conclusion: the enigmatic element was never far away.

On Sunday 30 April 1905, an obituary for him appeared in the *'Tacoma Ledger'*. It concluded with the following words:

'In the death of John McLeod, the State of Washington loses not only a man who watched the growth of the Northwest from its very beginning, but its distinctive pioneer. At the time of his death, Mr McLeod had lived here longer than any other white man.'

Between 1883 and 1937, the *'Tacoma Ledger'* was published on a daily basis in Tacoma, Washington. In the year of John's death, the population of Tacoma was around 60,000. Much has changed since then. In 2013, the city's population surpassed 200,000 for the first time in its history and Tacoma is considered to be the third city of the State, universally well-known for the international airport of Seattle-Tacoma, commonly abbreviated to *Sea-Tac*.

In the course of the nineteenth century, Tacoma had become known as the *'City of Destiny'*. This was because, in 1873, the rail company *North Pacific Railroad* decided to make it their main destination on the west coast of America. And now, after a sojourn of 67 years in its proximity, Iain 'Ain 'ic Iain's journey to his own *City of Destiny* was over.

He is, however, not forgotten in the country of his adoption. Indeed, to this day, his name lives on in the oral tradition of Puget Sound. The original Fort Nisqually, which was established in 1833 by HBC as the first European settlement on Puget Sound, was situated above the delta of the Nisqually River. That site now lies within the bounds of the modern town of DuPont. But today an impressive restoration of Fort Nisqually can be seen, and experienced, within Point Defiance Park in Tacoma.

Well-known as *Fort Nisqually Living History Museum*, this project was launched at a time when America was in the grip of the Great Depression, about a hundred years after the original Fort's foundation. It was initiated as part of a Federal work relief programme. Much of the Fort's original construction had decayed or fallen into disrepair by the 1930s; but the Granary and the Factor's House were salvaged and relocated in Point Defiance Park. To these, several other buildings were added in order to re-create the Fort as it was in the middle of the nineteenth century.

Adding to the authenticity of the unique experience that the Museum endeavours to offer is the fact that volunteers and staff dress in the attire of that period. They engage actively with the public in sharing information, in mounting demonstrations of historic handcrafts, and in discussions. They also play a significant role in educating young and old about the fascinating heritage of the area. Individual exhibitions are changed three times a year.

It was their Curator who chose to mount the 2013 exhibition on the subject

dh'obair-làimh eachdraidheil. Leis gach rud sa bheil iad an sàs, tha iad ag oideachadh sean agus òg mu dhualchas inntinneach na sgìre seo.

Trì tursan sa bhliadhna, bidh iad ag atharrachadh nan taisbeanaidhean. 'S e an curàtar aca a ròghnaich taisbeanadh 2013 a dhèanamh air Iain 'Ain 'ic Iain, fear a bha na churaidh sònraichte, eadar-dhealaichte bho chàch san t-sreath; agus bha an Taigh-tasgaidh moiteil innse gu bheil mòran de stuth aca a thug an teaghlach aige dhaibh.

Dà cheud bliadhna an dèidh a bhreith, bu mhath leinne a-nis clach a chur air càrn an t-seann laoich, anns a' chànan a dh'ionnsaich e aig glùin a mhàthar.

Bìoball Gàidhlig a chaidh a thoirt do Iain 'Ain 'ic Iain le Comann Bìobaill Ameireaga. Bha am Bìoball air fhoillseachadh ann an 1807 leis a' 'Chuideachd urramaich a tà chum Eòlas Crìosdaidh a sgaoileadh air feadh Gàeltachd agus Eileana na h-Alba'.
A Gaelic Bible given to John by the American Bible Society. The Bible had been published in 1807 by The Society in Scotland for Propagating Christian Knowledge.

of John McLeod; and the Museum was pleased to announce that their collection of memorabilia included numerous items from the extended McLeod family.

As they salute one who continues to be regarded as their *'distinctive pioneer'*, we – in his native Lewis, two hundred years after his birth – now place our pebble on the cairn of his memory.

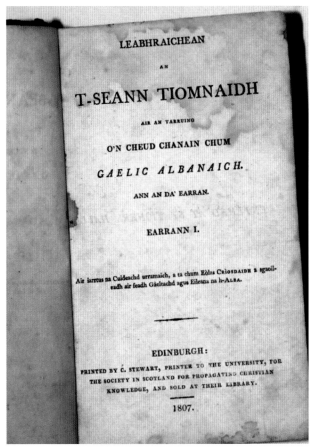

Duilleag-tiotail Bìoball Gàidhlig Iain 'Ain 'ic Iain.
The title page of John's Gaelic Bible

Taighean-dubha nan Geàrrannan: Eachdraidh Ghoirid

Tha e furasta fhaicinn gu bheil lotaichean, no croitean, nan Geàrrannan air an cur a-mach taobh ri taobh ann an sreathan caola, fada agus 's ann mu mheadhan na naoidheamh linn deug a chaidh an cruth sin a thoirt orra, nuair a bha Seumas MacMhathain, an t-uachdaran, ag ath-rèiteach mòran den oighreachd aige. B' ann bhon àm sin agus às dèidh Achd nan Croitearan 1886 a chaidh 'taighean-dubha nan Geàrrannan' a thogail nan sreath aig ceann nan lotaichean. B' ann leis an Achd sin a fhuair an luchd-còmhnaidh tomhas de chinnteachd nach biodh iad air an ruagadh chun na sitig le uachdarain ainiochdmhor. Ro na tachartasan sin, bha na dachaighean nan cròileagan air làrach an t-seann bhaile, ris an cante An Sìthean. B' e teaghlaichean de Chlann 'ic Leòid a bha a' fuireach air an t-Sìthean, far an do rugadh ar caraid Iain 'Ain 'ic Iain.

Is ann a rèir na stoidhle a bha cleachdail bho chionn linntean a bha na taighean. Bha dà shreath chlachan sna ballachan, le crèadh agus ùir air a dhinneadh eatarra. 'S e mullach tughaidh a bh' orra agus bha an teine ann am meadhan an làir. Aig aon cheann bha na daoine a' fuireach ann an uachdar an taighe agus bhiodh an crodh aig ceann eile an taighe. Nan tigeadh fiodh-cladaich gu tìr, dhèanadh iad feum dheth. Ann an 1905 chaidh bàta-seòlaidh mòr Lochlannach air na creagan anns a' bhàgh agus ghabh daoine an cothrom gus piseach a thoirt air mullaich nan taighean agus an cuid àirneis leis an luchd sprùillich a thug am freastal sin chun starsaich aca.

Suas gu àm a' Chiad Chogaidh, bha math na talmhainn agus na mara a' cumail annlan, agus gu dearbh na h-uimhir de shoirbheachadh, ris a' bhaile bheag seo. Bha iasgach an langa a' dol san sgìre fhèin agus dheigheadh daoine gu iasgach an sgadain ann an Steòrnabhagh no chun Chosta an Ear. Choisneadh iad an sin beagan airgid a phàigheadh am màl agus a bheireadh dhaibh cothrom rudan bunaiteach a cheannach. Leis mar a bha àireamh an t-sluaigh a' sìor dhol an àirde, 's e 'Chinatown' am far-ainm a thàinig air a' bhaile. Ann an 1904 bha 84 de sgoilearan a bhuineadh do Na Geàrrannan a' dol do Sgoil Chàrlabhaigh.

Mar gach baile eile, thug an Cogadh Mòr buaidh air Na Geàrrannan. A thuilleadh air na dh'fhalbh agus nach do thill, thàinig buille chruaidh aig deireadh na cùis le call na h-Iolaire. Còmhla ri sin, bha saoghal na malairt troimhe-chèile agus chaidh an eaconamaidh sìos. Chumadh croitearachd taic ri teaghlach gu ìre; ach dh'fheumadh na fir òga obair, no croit dhaibh fhèin a bhith aca. 'S e a rinn mòran aca ach an aghaidh a chur air dùthaich eile. Anns an òran 'Càrlabhagh', chuir Raibeart MacLeòid, bho 17 Geàrrannan, an cèill an am facail dhrùidhteach cò ris a bha e coltach do dhuine a bha na eilthireach-obrach a bhith a' tilleadh dhachaigh air chuairt. Shoirbhich gu math le cuid de na fir agus na mnathan a dh'fhàg Na Geàrrannan, ann an caochladh dhòighean. Nam measg sin bha Iain MacLeòid (bho àireamh 4, 'Iain Glass') a fhuair DCM ann an 1918 airson a ghaisgeachd aig àm a' chogaidh ann am Palestine. Bha cliù aige an dèidh sin mar stiùireadair foghlaim ann an Canada; agus chaidh sgoil

The Garenin Blackhouses:
A Brief History

The linear layout of crofts in present-day Garenin dates from the mid 19th Century when the landlord, James Matheson (later Sir) re-lotted many parts of his estate. The restored Garenin black-houses date from this time of land re-lotting and from the period after the Crofting Act of 1886, when tenants were able to build their houses in some confidence that they would not be evicted. The houses were now in line at the ends of crofts, not clustered in a group as they had been in the pre-lotting hamlet of Sìthean, the original Garenin settlement, occupied by a family of MacLeods in the late 17th century and where Iain 'Ain 'ic Iain was born. The method of house construction was as it had been for generations – walls of two stone layers infilled with clay and soil, thatched roofs, the fire in the middle of the floor and the cattle in the byre at the lower end of the house. Timbers were mostly driftwood, and the wrecking of the 'Ruth', a large Norwegian sailing vessel, in the bay in 1905 was a well-used opportunity to improve the quality of roofs and furnishings.

Until the First World War, the township continued to survive, sometimes to thrive, on the produce of the land and the sea. A little money for the rent and for purchasing some basic essentials could be earned at the local ling fishing or at the herring fishing in Stornoway or on the East Coast. The population increased until the village earned the nickname 'Chinatown'. In 1904, as many as 84 Carloway School pupils were from Garenin.

© Iain MacArthur

Taighean-dubha nan Geàrrannan mar a tha iad an-diugh, nan ionad airson adhbharan turasachd, eachdraidh agus foghlam.

The Garenin Blackhouses as they are today, restored for the purposes of tourism, heritage and education.

ann an Saskatchewan ainmeachadh às a dhèidh.

Ann an 1936 thàinig còig beartan ùra Hattersley do Na Geàrrannan agus leis mar a bha gnìomhachas a' chlò Hearaich a' leudachadh bha airgead ann am pòcaidean nan croitearan. Dh'fhosgail Roinn an Àiteachais stòr le stuthan-togail ann an Càrlabhagh ann an 1928 agus rinn sin e na b' fhasa dachaighean a leasachadh. B' ann mun àm sin a thàinig coltas nan taighean dubha gu bhith mar a tha iad an-diugh, le gèibheal agus similear; agus mar sin cha robh teine tuilleadh am meadhan an làir. Bha felt a chuireadh iad fon tughadh ri fhaighinn a-nis cuideachd, rud a bha a' ciallachadh nach robh uiread a dh'aoidion aca.

As t-fhoghar 1939 thòisich an ath chogadh agus, ged nach deach uiread a chall às Na Geàrrannan agus a chailleadh sa Chogadh Mhòr, dh'fhàg e a làrach fhèin air a' bhaile. Às dèidh a' chogaidh, thòisich an òigridh a' coimhead ri bith-beò a dhèanamh air tìr-mòr no aig muir – gu h-àraidh feadhainn a bh' air a bhith anns a' chogadh. Is ann fhad 's a bha e san Nèibhidh Mharsantach sna 1950an a sgrìobh Dòmhnall Iain Dòmhnallach, a bhuineadh do Na Geàrrannan, an t-òran ainmeil 'Gruagach Dhonn Bhrunail'. Eadar 1950 agus 1963 thug obair nam mucan-mara ann an Georgia a Deas obair do shianar às Na Geàrrannan.

A' chuid agus a' chuid, bha dòigh-beatha a' bhaile ag atharrachadh. Bha an clò agus a' bheart a' sìor fhàs cudthromach do dhaoine agus cha robh iad cho mòr an eisimeil obair na croit. Ann an 1952, thàinig an dealan dhan bhaile; agus, tràth sna 60an, thàinig uisge nam pìoban dha na taighean. Bhiodh bhanaichean a-nis a' ruith gu math tric le biadh agus feumalachdan eile; agus, ann an 1965, thòisich am bainne a' tighinn timcheall nan dorsan. Chan fheumadh duine tuilleadh bò a chumail no fodair a shaothrachadh dhi. Cha robh toradh na talmhainn cho deatamach 's a bha e uaireigin agus bha feurach a' gabhail àite an treabhaidh.

Ann an iomadach dòigh, bha beatha dhaoine na b' fhasa; ach bha am baile air mòran dhen òigridh a chall gu foghlam agus obair. Anns na 1960an cha robh air fhàgail sna taighean dubha ach daoine a bha suas ann am bliadhnachan. B' e boireannaich nach robh pòsta a bh' ann an grunn dhiubh. Ach bha am baile fhathast na àite aoigheil far an robh diù aig daoine do chàch a chèile agus far an robh fàilte bhlàth ro na h-uile. Mun àm seo, cha robh mòran de thaighean dubha dhen t-seòrsa seo air fhàgail sna h-eileanan agus bha an tuilleadh agus an tuilleadh a' tadhal air Na Geàrrannan airson blasad fhaighinn dhen choimhearsnachd seo air iomall an t-saoghail.

Mar a bha na bliadhnachan a' dol seachad bha anfhainneachd na h-aois ag èaladh a-steach air muinntir nan Geàrrannan. Cha robh an t-saothair a bha an cois nan taighean dubha cho furasta a dhèanamh agus thòisich na taighean a' crìonadh. Bha e follaiseach gum feumadh an luchd-còmhnaidh dachaighean eile fhaighinn. Ann an 1974, ghluais an ceathrar bhoireannaich agus an aon fhireannach a bh' air fhàgail air an t-sràid bhig seo gu taighean-comhairle faisg air làimh. Anns an t-suidheachadh ùr seo cha robh tughadh ri dhèanamh, no uisge ri tharraing; ach bha fhathast cofhurtachd teine math mònach aca.

No village escaped the effects of the War – not just a loss of life, compounded by the loss of the Naval Yacht Iolaire, but a decline in markets leading to economic depression. Crofting could support families to a degree, but young men needed employment or crofts of their own, and the answer was often emigration. The Carloway anthem 'Càrlabhagh', composed by Robert MacLeod of 17 Garenin, gives poetic expression to the exhilaration of returning home on furlough whilst accepting the necessity to be an employment 'exile'. Some Garenin men and women went on to have successful careers in many fields – including John MacLeod, no.4, who was awarded the DCM in 1918 and who later became a respected inspector of schools in Canada, where a school in Saskatchewan bears his name.

In 1936, five new Hattersley looms came to Garenin and the expanding Harris Tweed industry began to put a little money into crofters' pockets. Housing improvements which began after the opening of a Board of Agriculture building-materials store in Carloway in 1928 continued, and the blackhouses took on the form we see from the outside today – gable ends and chimneys indicating that the fire was no longer in the middle of the floor. The use of roofing-felt now made leaking thatches less common.

War again intervened in 1939 and it had its detrimental effects on the village, although losses from Garenin were fewer than in the Great War. Its end heralded a period when young men and women, particularly ones who were in the forces during the war, sought employment on the mainland or on the high seas. One of our most popular love songs in Gaelic, 'Gruagach Dhonn Bhrunail', was written by a native of Garenin, Donald John MacDonald, while in the Merchant Navy in the 1950s. The whaling in South Georgia provided seasonal employment for six Garenin men between 1950 and 1963.

Meanwhile, subtle changes were under way in the village way of life. Weaving of Harris Tweed was becoming increasingly important and traditional croftwork was beginning to decline. Electricity came to the village in 1952. A piped water supply came in the early 1960s. Grocery vans made regular visits; and, in 1965, the first daily milk-run began. It was no longer necessary to keep a milking cow or to work the land for her winter fodder. There was less need for the produce of the croft; and more and more land was given over to grazing.

Life in many ways was easier, but the village had been drained of much of its young blood through the pull of employment and education. By the 1960s, the blackhouses were occupied by a few ageing residents only – mostly elderly spinsters. The village, however, continued to be a place where people cared for each other and where visitors were given a warm welcome. By this time, there were few examples of blackhouses in the islands, and the number of visitors was increasing, to experience the special atmosphere of this little village 'at the edge of the world'.

As the years passed, physical infirmity began to make its presence felt. The hard work needed to maintain blackhouses became more difficult, and the houses began to deteriorate. It became increasingly obvious that the residents had to be re-housed. In 1974, all the remaining residents of the village – four ladies and one gentleman – moved

Is ann mun àm seo a bhuail air daoine nach robh eisimpleir eile air fhàgail sna h-eileanan de bhaile de thaighean dubha. Ged is e pàirt de Na Geàrrannan a bha sa cheàrnaidh bheag seo, bha e air leth bhon chòrr den bhaile cuideachd. Cho luath agus a lùbadh duine a-steach ann, bha taighean ùra a' bhaile a-mach à fianais; agus is ann a shaoileadh duine an uair sin gun robh e air a dhol air ais gu linn eile.

Anns an t-Samhain 1976, bha baile nan taighean dubha air a chomharrachadh mar cheàrnaidh-caomhnaidh sònraichte. Chuir Comhairle nan Eilean 'Urras nan Geàrrannan' air chois airson am baile a ghleidheadh agus a leasachadh. Bha riochdairean bho bhuidhnean ionadail nam buill den Urras còmhla ri riochdairean bho Chomhairle nan Eilean Siar agus bho Iomairt na Gàidhealtachd 's nan Eilean; agus bha ballrachd cuideachd aig cuid den phoball aig an robh ùidh ann an amasan an Urrais.

Chaidh a' chiad taigh air an deach leasachadh a dhèanamh, Taigh Dhonnchaidh, a chrìochnachadh ann an 1991 agus chaidh fhosgladh leis a' chraoladair, Magnus Magnusson, a bha na Chathraiche air Dualchas Nàdair na h-Alba aig an àm. Bha an taigh sin air a ruith le Urras Gatliffe mar ostail do luchd-turais, ach an-diugh tha e air a ruith leis Na Gearrannan fhèin mar ostail far a bheil gach goireas a tha feumail do luchd-turais a tha ag iarraidh fèin-sholarachadh. 'S e Taigh Làta, am fear as motha de na taighean dubha, an dara taigh a chaidh a sgeadachadh agus chaidh e sin a chrìochnachadh ann an 1994. Gabhaidh e sin suas ri ceithir duine deug, agus tha e a' tairgse a h-uile goireas a tha feumail airson fèin-sholarachadh. Ann an 1995, chaidh an treas taigh a leasachadh – Taigh Mòr. Chaidh a leasachadh mar sheòmar-teagaisg no mar thaigh-coinneimh, le sùil ri e bhith feumail airson na cothroman foghlaim a tha gu follaiseach sa bhaile seo, agus mun cuairt air, a leudachadh. Eadar Taigh Làta agus Taigh Mòr tha togalach nas lugha. Chaidh e sin a sgeadachadh ann an 1997 le Iomairt Cosnadh Coimhearsnachd. Tha e air a chleachdadh mar Ghoireasan Poblach caran annasach!

Ma bha na sia togalaichean eile gu bhith air an leasachadh agus an t-àite air a dhèanamh nas goireasaiche do dhaoine agus do chàraichean, bha feum air mòran maoineachaidh; agus, anns a' Ghiblean 1997, chaidh iarrtasan a chur gu caochladh bhuidhnean poblach. Shoirbhich leotha uile. Thàinig tabhartasan bho Chrannchur an Dualchais, Alba Eachdraidheil, Maoin Dùbhlan Dùthchail, Iomairt nan Eilean Siar, Maoin Leasachaidh Roinnean na h-Eòrpa, Inbhean Togail Iomairt na Gàidhealtachd agus nan Eilean, agus bho Bhunait Lloyds TSB. Thug Dualchas Nàdair na h-Alba agus Iomairt nan Eilean Siar taic tro thabhartasan trèanaidh.

Anns a' Ghiblean 1999 thòisich an obair air a' phàirt mu dheireadh den leasachadh: trì taighean fèin-sholarach; taigh-nighe agus stòr; cafaidh agus bùth bheag; ionad-mìneachaidh; agus chaidh aon taigh a chur air dòigh dìreach mar a bhiodh e sna 1950an.

San Ògmhios 2001, bha latha mòr sna Geàrrannan nuair a chaidh na taighean-dubha fhosgladh gu h-oifigeil leis A' Bhana-phrionnsa Rìoghail, Anna. Bhon latha sònraichte sin, tha am baile air a bhith na ghoireas a tha brèagha agus luachmhor agus a tha a' toirt dealbh dhuinn, chan ann a-mhàin air àrainneachd eachdraidheil ach air spiorad coimhearsnachd agus càirdeas a bha a-riamh sa bhaile seo.

to new council houses nearby. In these, there was no thatching to be done and no water to be carried in – but they still offered the familiar luxury of an open peat fire.

It was realised around this time that there were no other examples left in the islands of a village of blackhouses. (The 'village' is actually a part of the larger crofting township of Garenin.) Also, their location was special in that most modern buildings nearby were out of sight, and it was easy to imagine that you had gone back to an earlier time as soon as you rounded the bend into the village.

In November 1976, the blackhouse village was formally designated as an outstanding conservation area. The Garenin Trust (Urras nan Geàrrannan) was set up by the local authority, Comhairle nan Eilean, in 1989 in order to preserve and develop the blackhouse village. The Trust consists of representatives of local organisations as well as Council and Local Enterprise Company representatives and members of the public who are interested in its aims.

The first blackhouse restored, Taigh Dhonnchaidh, was completed in 1991 and was opened by the broadcaster Magnus Magnusson in his role as Chairman of Scottish Natural Heritage. It was run at that time by the Gatliffe Trust as a hostel providing basic self-catering accommodation for tourists, but is now run by Garenin itself as a well-appointed hostel. The second house to be renovated was 'Taigh Làta', the largest of the blackhouses. It was completed in 1994, and provides self-catering accommodation for up to 14 people. In 1995, a third house was renovated – Taigh Mòr. It was designed as a classroom or meeting room, with the intention of developing the educational potential of the village and its environs. Between Taigh Làta and Taigh Mòr is a smaller building which was restored in 1997 through a Community Employment Initiative. It is used as a rather unusual Public Convenience!

To restore the remaining six properties and improve public access and car-parking, major funding was required, and applications were submitted to various bodies in April 1997. All applications were successful. Grants received were from the Heritage Lottery Fund, Historic Scotland, Rural Challenge Fund, Western Isles Enterprise, Comhairle nan Eilean Siar, European Regional Development Fund, Highlands and Islands Enterprise Building Standards and the Lloyds TSB Foundation. Assistance was also received from Scottish Natural Heritage and Western Isles Enterprise in the form of training grants.

Work commenced in April 1999 on the final phase of restoration: three self-catering houses; a laundry and store; a cafeteria and small shop; an interpretation room; and a 'working blackhouse' set in the 1950s.

In June 2001, there were community celebrations in Garenin as the restored village was officially opened by HRH The Princess Royal, Princess Anne. Since that memorable day, the village continues to be an attractive and valuable asset which recreates not just the physical surroundings but the spirit of community, friendship and welcome for which the village was renowned.

Eachdraidhean-beatha / *Biographies*

DELBERT McBRIDE (1920-1998) was the eldest son of Albert Mcbride and Pauline McAllister. Early on, Del showed a rather unusual fascination with the lives of the elders in his family, interviewing them about matters of ancestry and pioneer life. He kept notes and wrote stories. He was academically inclined and graduated from the University of Washington where he was a member of Phi Beta Kappa. He was an artist and flirted with a career in commercial art. However, at the University of Washington he met a famous anthropologist, Dr. Erna Gunther, who inspired him to take an interest in Pacific Northwest Indian art. He travelled north to the Skeena River of British Columbia to study totem poles. His paintings depicted these and Indian masks and other aspects of Indian life. With his brother, Bud McBride, he founded Klee Wyck Craft Studio and Art Gallery. At Klee Wyck Indian motifs were rendered in new media such as tiles, ash trays, and pendants. For over ten years, the business was successful, and an important influence on a rapidly developing interest in Northwest Coast Indian art. When Klee Wyck closed its doors Del went into museum work, first at Spokane's Cheney Cowles Museum and later, from 1966 to 1983, at the State Capital Museum in Olympia, Washington. An ethnobotanical garden at the museum was established under Delbert's guidance and, today, bears his name. Besides art, Del's life work included assembling an impressive body of family history, mostly written records and photographs. He had intended to write a book but died of cardiac arrest at age 68, with that particular dream unfulfilled.

ALBERT 'BUD' McBRIDE (1927-2012) was the middle son of Albert Mcbride and Pauline McAllister. Bud graduated from Lincoln High School in Tacoma in 1945 and immediately started several years of service in the Navy, stationed in Japan. With his brother Delbert, he later co-founded Klee Wyck Studio at Nisqually, producing many pieces of pottery and other art during the decade that the studio was in business. On Orcas Island, in northern Puget Sound, Bud opened another studio, Crow Valley Pottery, with his lifelong partner Richard Schneider. That business flourished for 35 years. Bud and Richard split many of the last years of their lives between Nisqually and Orcas Island. On Orcas Island, they restored a historic schoolhouse and contributed to local appreciation of the history of the island. Bud donated the Nisqually property to the Nisqually Land Trust to ensure it will retain its natural character in perpetuity. It is currently undergoing restoration.

KELLY McALLISTER (1956-present) is the middle son of Robert George McAllister and Lois Jean Knuehman. Kelly is a lifelong resident of Olympia, Washington, having left briefly for temporary work or to attend college at Western Washington University and the University of Washington where he received a Bachelor's degree with a major in Fisheries Science. He started a career as a biologist with the state of Washington in January 1980. He worked for the Department of Fish and Wildlife for 26 years and, for the last nine years has been the Washington State Department of Transportation's Habitat Connectivity Biologist. His professional involvements have included research on the Oregon spotted frog, studies of the distributions of rare prairie butterflies and management of big game populations within his two-county district. Kelly is married to Cindy, his wife of 35 years, and has a son, Landon, and daughter, Marisa. He enjoys visits with his grandchildren, Zac and Kiyah, who currently live in Hawaii.

ANNABELLE (MOUNTS) BARNETT (1922-present) is the youngest daughter of Frank Mounts and Katharine Jensen. She grew up in the Tacoma area and, at age 20, met future husband Ellis Barnett at a USO sponsored dance at Fort Lewis. The couple moved to Ellis' home town in California and Annabelle has lived in California ever since. She has a daughter, Patricia, and son, Richard. Today, Annabelle has 5 grandchildren, 11 great grandchildren, and 2 great great grandchildren. Once her children were mostly grown, Annabelle developed a strong interest in her family's history and, when Delbert McBride was alive, he kept her up-to-date on his latest discoveries. In addition to her interest in family and family history, Annabelle has become an accomplished artist.

Mun ùghdar:
*Tha **MALETTA NICPHÀIL** a' fuireach ann an Siabost ann an Eilean Leòdhais agus is e seo an treas leabhar aice. Ann an 2008 nochd a' bhàrdachd Ghàidhlig aice, le eadar-theangachadh Beurla mu choinneimh gach pìos, fon ainm 'Culaidh'. Ron sin, ann an 2005, bha i na co-ùghdar, còmhla ri Iain MacIlleathainn, air 'Seanfhacail is Seanchas' – cruinneachadh de sheanfhacail agus de dh'abairtean.*

About the author:
MALETTA MACPHAIL lives in Shawbost, Isle of Lewis, and this is her third book. In 2008, 'Culaidh' – a collection of her Gaelic poetry, with English equivalents – was published. Prior to that she co-authored in 2005, with John Maclean, 'Seanfhacail is Seanchas' which featured a wide range of Gaelic proverbs and sayings accompanied by comments and interpretation in English.

Liosta de Stuthan-taic/
Sources consulted include the following:

- A Crofter's Tale: Adventurous John of the Clan MacLeod: article by Steve A. Anderson, in summer 2010 issue of 'Columbia – The Magazine of Northwest History'.
- Catherine McLeod Mounts: article by Kelly R. McAllister and Annabelle Mounts Barnett in Summer 2011 issue of 'Columbia – The Magazine of Northwest History'.
- Complete Book of Whisky: by Jim Murray.
- Explorers, Conquistadores, Pioneers, Settlers, and Indians: RootsWeb, an Ancestry. com Community.
- Fort Nisqually Living History Museum, Metro Parks, Tacoma, WA.
- Free Church Ministers in Lewis (Presbytery): by Rev. M. MacAulay.
- Frontier Justice: Guide to the Court Records of Washington Territory – King County District Court (Files 1-1000) 1861-1887. Online records of Washington State Archives, Olympia, WA.
- Handbook and Map to the Gold Region of Frazer's and Thompson's Rivers with Table of Distances: by Alexander C. Anderson, published by J.J. Le Count, San Francisco, 1858.
- Hudson's Bay Company Archives, Winnipeg, online biographical sheets.
- John McPhail: article by Roger Newman in July 2010 issue of the Olympia Genealogical Society Quarterly.
- Macleod family correspondence courtesy of the late Albert McBride of Washington State.
- Newsletter October 2013 of 'Descendants of Fort Nisqually Employees Association' (President: Roxanne Woodroff).
- Online transcript of documentation relating to the proclamation of martial law in the Territory of Washington, as presented to the U.S. Senate by President Franklin Pierce in February 1857.
- Pierce Prairie Post, September 30 2012.
- Pioneer Reminiscences of Puget Sound; The Tragedy of Leschi: by Ezra Meeker, published Seattle, WA, 1905.
- Royal Mail – The Early Years: online article by Western Isles Transport Preservation Group.
- Scots at Fort Nisqually: article by Delbert McBride in Winter 2000 issue of 'Occurrences – The Journal of Northwest History During the Fur Trade'.
- Splendor sine occasu – Salvaging Boat Encampment: article by I.S Maclaren Autumn/Winter issue of Canadian Literature/Litterature Canédienne, A Quarterly of Criticism

and Review, published by the University of British Columbia, Vancouver.

- The Free Online Encyclopedia of Washington State History.
- The Hudson Bay Company SS Beaver: online article by Jerry V. Ramsey, PhD, in DuPont Museum & Historical Society site's history section.
- The Indians of Puget Sound: by Hermann Haeberlin and Erna Gunther.
- The Muck Creek Settlers: article by Marianne Lincoln, Washington, USA, in October 2004 issue of 'West Word', community paper for Mallaig, Morar, Arisaig, Lochailort, Glenfinnan, Glenuig, Knoydart and the Small Isles.
- The Statistical Account of 1834-45: Lochs, County of Ross and Cromarty (vol.14 p.157f).
- This Blessed Wilderness: Archibald McDonald's Letters from the Columbia, 1822-44 – by Archibald McDonald.
- Tragedy at Death Rapids: online article by Walter Volovsek on his site 'Trails in Time'.
- Urras nan Geàrrannan publications: (i) Teaghlaichean nan Taighean-dubha – The Blackhouse Families; (ii) The Geàrrannan Blackhouses – Taighean-dubha nan Geàrrannan; (iii) Mac na Bracha – A Taste of Geàrrannan Whisky.